Dirk Rossberg

Untersuchung und Herstellung eines spektral-abstimmbaren Infrarot-Sensors in Silizium-Mikromechanik-Technologie für Anwendungen bei Zimmertemperatur

2., unveränderte Auflage

utzverlag

Sensorik

Zugl.: Diss.,

Bibliografische Information der Deutschen Nationalbibliothek:
Die Deutsche Nationalbibliothek verzeichnet diese Publikation in der Deutschen Nationalbibliografie; detaillierte bibliografische Daten sind im Internet über http://dnb.d-nb.de abrufbar.

Titelabbildung: pixabay.com | geralt | #3706562

2., unveränderte Auflage
frühere Ausgabe: ISBN 978-3-931327-46-0

ISBN 978-3-8316-8375-8

Printed in EU
utzverlag GmbH, München
www.utzverlag.de

Lehrstuhl für Technische Elektronik
Technische Universität München

Untersuchung und Herstellung eines spektral-abstimmbaren Infrarot-Sensors in Silizium-Mikromechanik-Technologie für Anwendungen bei Zimmertemperatur

Dirk Rossberg

Vollständiger Abdruck der von der Fakultät
für Elektrotechnik und Informationstechnik
der Technischen Universität München
zur Erlangung des akademischen Grades eines
Doktor-Ingenieurs
genehmigten Dissertation.

Vorsitzender: Univ.-Prof. Dr. rer. nat. G. Wachutka
Prüfer der Dissertation:
1. Univ.-Prof. Dr. techn. R. Müller (em.)
2. Univ.-Prof. Dr.-Ing. H. Groll (em.)

Die Dissertation wurde am 22. Januar 1996
bei der Technischen Universität München eingereicht und
durch die Fakultät für Elektrotechnik und Informationstechnik
am 30. April 1996 angenommen.

Dirk Rossberg
Berggeist 15
82418 Murnau

Lebenslauf

Geburtsdatum/ort	23.05.1966	München
Schulbildung	8/72 - 7/76	Oselschule München/Grundschule Murnau
	8/76 - 05/85	Gymnasium Murnau
Schulabschluß	5/85	Allgemeine Hochschulreife
Studium	11/85 - 5/91	Elektrotechnik, Schwerpunkt Halbleiterelektronik Technische Universität München
Studienabschluß	5/91	Dipl.-Ing. Elektrotechnik
Promotion	5/91-5/96	Doktorarbeit bei Prof. R. Müller Thema: Untersuchung und Herstellung eines spektral-abstimmbaren Infrarot-Sensors in Silizium-Mikromechanik-Technologie für Anwendungen bei Zimmertemperatur Lehrstuhl für Technische Elektronik gefördert durch die Deutsche Forschungsgemeinschaft
Promotionsabschluß:	5/96	Dr.-Ing.
Berufserfahrung:	6/85 - 8/85	Slade Gears, Boston (Eng.): Getriebeentwicklung
	9/85 - 10/85	Coltan Electronics, Boston (Eng.): Elektronikentwicklung
	11/87 - 4/88	Französische Staatsbahn, Paris: Antriebsmotorenentwicklung
	5/88 - 7/88	ABB Secheron, Genf: Transformatorenentwicklung
	8/88 - 10/88	Alsthom, Lyon: Antriebselektronikentwicklung

Vorwort

Diese Arbeit entstand während meiner Zeit am Lehrstuhl für Technische Elektronik der Technischen Universität München, an dem ich als wissenschaftlicher Mitarbeiter tätig war. Die Arbeit war thematisch in das Schwerpunktprogramm der Deutschen Forschungsgemeinschaft (DFG) „Sensorsysteme" eingebunden.

Mein Dank gilt allen, die mich bei der Durchführung meiner Arbeit unterstützt haben, insbesonders der DFG, die mein Projekt weitgehend finanziert hat.

Herrn Professor Dr. R. Müller möchte ich für die Überlassung des Themas danken. In vielen Gesprächen hat er durch wertvolle Hinweise und Anregungen die Arbeit gefördert und mich bei der Lösung vieler Fragen und Probleme hilfreich unterstützt.

Ebenso möchte ich mich bei allen Mitarbeitern des Lehrstuhls für ihre Unterstützung bei der Durchführung dieser Arbeit bedanken. Ausdrücklich sei der Werkstatt für die Ausführung umfangreicher feinmechanischer Arbeiten gedankt. Besonders erwähnt seien Frau H. Fannasch, Herr R. Aigner und Herr A. Mauder, auf die ich sowohl bei technologischen als auch meßtechnischen Problemen zählen konnte. Die angenehme und freundliche Atmosphäre in der Sensorgruppe hat wesentlich dazu beigetragen, daß mir die Arbeit der letzten Jahre viel Freude bereitet hat.

Gewidmet ist diese Arbeit meiner Familie, die meine Ausbildung immer auf vielfältige Weise gefördert hat und ohne deren Unterstützung mein Studium nicht möglich gewesen wäre. Besonderer Dank gilt Frau E. Jäkel für die Unterstützung und das entgegengebrachte Verständnis, während diese Arbeit entstand.

„Erfolg ist Können mal Glück"

Rudolf Saal

Inhaltsverzeichnis

Zusammenfassung

Das im Rahmen dieser Arbeit entworfene und mit Methoden der Silizium-Mikromechanik realisierte Infrarot-Spektrometer dient zur Messung von Infrarot-Absorptionsspektren, die für chemische Substanzen charakteristisch sind. Es gestattet somit deren qualitative und quantitative Analyse. Da es sich um ein optisches Meßverfahren handelt, kommt die Probe nicht in direkten Kontakt mit dem Sensor. Die Zuverlässigkeit ist hoch, da der Sensor nicht durch chemische Wechselwirkungen beeinträchtigt wird. Die vielen Vorteile der Silizium-Technologie - hohe Reproduzierbarkeit, kostengünstige Massenfertigung, Integrationsfähigkeit mit einer Auswerte-Elektronik (intelligenter Sensor), Mikrostrukturierbarkeit ü.a - können so mit dem zuverlässigen optischen Meßverfahren der Infrarot-Spektroskopie kombiniert werden.

Mit dem nutzbaren Spektralbereich von 2 bis 8 µm deckt dieser Sensor den für die Infrarot-Spektroskopie interessantesten Bereich ab. Er schließt sich spektral an die mittlerweile vielfach erhältlichen Miniaturspektrometer an, die ein dispersives Element (z.B. ein Gitter) zur Wellenlängenselektion vor einer Silizium-CCD-Zeile als Detektor verwenden. Der Spektralbereich dieser Sensoren kann nur bis 1,1 µm reichen, da die auftreffende Strahlung dann nicht mehr energiereich genug ist, um in der Silizium-CCD-Zeile Elektronen-Lochpaare zu erzeugen. Silizium wird transparent; gerade dieser Effekt wird bei dem Infrarot-Sensor ausgenutzt.

Im Gegensatz zu herkömmlichen Spektrometern, deren Preis und Größe einer breiten Anwendung im Wege stehen, ist dieser Sensor prädestiniert für preisgünstige Analysesysteme. Flüssigkeiten weisen sehr hohe Absorptionskoeffizienten auf, es ergeben sich schon bei kurzen Absorptionslängen (typisch 10 µm) ausreichende Meßeffekte. Zur Messung von Gasen sind aufgrund der geringen Dichte und somit kleinen Absorptionskoeffizienten große Weglängen für eine hinreichende Absorption notwendig, die nur mit einem entsprechend großen Aufbau realisiert werden können und daher mit dem Systemkonzept eines kleinen integrierten Sensors nicht vereinbar sind.

Der Infrarot-Sensor setzt sich aus einem abstimmbaren Fabry-Perot-Interferenzfilter und einem breitbandig empfindlichen thermischen Detektor zusammen. Beide sind in einem Bauelement integriert und mit Methoden der Mikromechanik in Silizium-Technologie aufgebaut. Die Abstimmung der Durchlaßcharakteristik erfolgt durch elektrostatische Auslenkung einer dünnen Membran. Gleichzeitig trägt die Membran den Detektor und isoliert ihn thermisch von der Umgebung. Der optisch nutzbare Spektralbereich des realisierten Infrarot-Sensors erstreckt sich von 2 bis 8 µm. Die untere Grenze ist durch den Bandabstand von Silizium festgelegt, die obere ist hier durch die Möglichkeiten der Halbleitertechnologie des Lehrstuhls vorgegeben. Theoretisch wird diese Grenze durch die Hintergrundstrahlung bei Zimmertemperatur begrenzt. Bei 300 K liegt das Emissionsmaximum bei ca. 10 µm. Ein gekühltes System kann weit über 20 µm hinaus betrieben werden. Die resultierende Güte ist besser als 50, was einer Auflösung von weniger als 200 nm entspricht. Im Vergleich zu Labor-Spektrometern sind dies eher bescheidene Werte, die aber für die Unterscheidung vieler Stoffe völlig ausreichen.

Die grundlegende Beschreibung des Verhaltens von Filter und Detektor war Ausgangspunkt für die Entwicklung eines Systemkonzepts. Dazu wurden Modelle für die optischen, thermischen und elektrischen Eigenschaften der Einzelkomponenten eingeführt (Kapitel 1 und 2). Diese bildeten die Basis für die Auswahl möglicher technologischer Varianten (Kapitel 3).

Verschiedene Detektorprinzipien wurden auf ihre Eignung zur Integration in das Fabry-Perot-Filter hin untersucht und die zu erwartenden Nachweisgrenzen abgeschätzt. Aufgrund der vorhandenen technologischen Möglichkeiten ergibt sich als geeignetster Aufbau ein Metallfilm-Bolometer auf einer Silizium-Membran (Kapitel 4).

Die so gefundene Struktur wird in Bezug auf ihre mechanischen und elektrischen Eigenschaften dimensioniert. Ein Schlüsselelement zur Realisierung des integrierten Fabry-Perot-Filters sind Membranen mit ausreichender mechanischer Stabilität und dennoch geringer thermischer Leitfähigkeit, da sie gleichzeitig den Infrarot-Detektor tragen. Aus diesen konkurrierenden Forderungen ergibt sich ein vom Materialsystem abhängiges optimales Kantenlängen/Dickenverhältnis. Das mechanische Verhalten der Membran wird in ein Masse-Feder-Modell übertragen, mit dessen Hilfe die minimale Kantenlänge von Membranen für eine gewünschte Auslenkung abgeleitet wird (Kapitel 5).

Auf die Modelle für die optischen, thermischen und elektrischen Eigenschaften aufbauend, wurden für die so dimensionierte Struktur Abschätzungen über die erzielbaren Daten des

Sensors durchgeführt. Dabei wird ausführlich auf die zu erwartende minimal nachweisbare Leistung in Abhängigkeit des Transmissionsverhaltens des Fabry-Perot-Filters eingegangen (Kapitel 6).

Es wurden zwei verschiedene Technologien entwickelt, die die Herstellung von Silizium-Membranen bis zu einer Kantenlänge von 10 mm bei einer Dicke von weniger als 2 µm ermöglichen. Dazu wurde einerseits ein elektrisch vorgespannter pn-Übergang als Ätzstop verwendet. Andererseits wurde die Abhängigkeit der Ätzrate von der Dotierung mit Bor als Ätzstop herangezogen. Die Homogenität der Membrandicke ist dabei entscheidend für die Gleichförmigkeit der Auslenkung der Membran. Hier wurden hervorragende Ergebnisse erzielt.

Um den optischen Resonator des Fabry-Perot-Interferometers zu realisieren, mußten in Silizium Mulden strukturiert werden. Die Rauhigkeit der geätzten Oberflächen bestimmt in hohem Maß die Güte des optischen Resonators. Bei der Erprobung verschiedener Technologien zeigt ein trockenätztechnisches Verfahren in einem RIBE-Reaktor die besten Resultate. Die Oberflächenrauhigkeit beträgt weniger als 50 nm.

Das Transmissionsverhalten eines Fabry-Perot-Filters wird in erster Linie durch die den Resonator bildenden Spiegel bestimmt. Für diese Arbeit wurden sowohl dielektrische Spiegel als auch Metallspiegel theoretisch untersucht und entsprechende Dimensionierungsvorschriften angegeben. Verschiedene Metalle wurden auf ihre Eignung als Spiegel untersucht, wobei mit dünnen Aluschichten die besten Ergebnisse zu erwarten waren. Diese wurden technologisch realisiert.

Der hohe Brechungsindexsprung von Luft zu Silizium macht eine Vergütung der Siliziumoberfläche mit Antireflexschichten nötig. Ohne Beschichtung liegen die Reflexionsverluste im Bereich von 30% pro Übergang. Die Herstellung geeigneter Antireflexschichten war erfolgreich. Die zu überwindenden Probleme betreffen die schlechte Haftung der Einzelschichten aufeinander sowie die große Schichtdickenschwankung. Die entspiegelten Schichten wiesen einen Reflexionsfaktor von weniger als 5% im nutzbaren Spektralbereich auf.

Die beiden Komponenten, aus denen der Sensor zusammengesetzt wird, müssen deckungsgleich montiert werden. Dazu wurde eine geeignete Justagevorrichtung entwickelt, die es gestattet, die zwei Siliziumscheiben mit nur wenigen µm Versatz zueinander zu justieren und elektrisch kontaktiert miteinander zu verkleben (Kapitel 7).

Die Auslenkung der Membran muß so erfolgen, daß die beiden Resonatorspiegel parallel zueinander sind. Dazu wurden vier Plattenkapazitäten in das Fabry-Perot-Interferometer integriert, mit denen einerseits die elektrostatische Auslenkkraft aufgebracht wird, und andererseits über eine Kapazitätsmessung der Spiegelabstand bestimmt wird. Die dazu nötige Ansteuerschaltung wurde entworfen und aufgebaut. Damit wurde ein in Transmission betreibbares Fabry-Perot-Filter angesteuert. Die Güte des Filters ergab die Werte, die durch die technologischen Vorgaben zu erwarten waren. Es kann somit von planparallelen Spiegeln ausgegangen werden.

Es wird ein Schaltungskonzept zur Auswertung der Widerstandsänderung des Metallfilm-Bolometers vorgestellt und dimensioniert (Kapitel 8).

Der für die Messung der optischen Größen erforderliche Infrarot-Meßplatz wurde aufgebaut und mit einem entsprechenden Meßwerterfassungssystem ausgestattet. Hiermit wurden alle relevanten Einzelbestandteile des Infrarot-Sensors untersucht. Es wurde auch ein spezielles Infrarot-Filter mit elektrochemisch strukturierten Membranen realisiert, um das Transmissionsverhalten des Fabry-Perot-Filters messen und analysieren zu können. (Kapitel 9).

Diese Messungen bilden die Grundlage, um die spektrale Leistungsfähigkeit des Infrarot-Sensors vorherbestimmen zu können. Die theoretische Beschreibung umfaßt dabei das gesamte System Strahler - Medium - Filter - Detektor, so daß in Abhängigkeit von allen technologischen Vorgaben für den Infrarot-Sensor, von der Dimensionierung der Sensorstruktur und den Betriebsbedingungen Aussagen über die minimale theoretische Nachweisgrenze für verschiedene Medien getroffen werden können. Es wurde ein Simulationsprogramm entwickelt, mit dem das Gesamtverhalten des Infrarot-Sensors bestimmt werden kann. So sind Aussagen über die Nachweisgrenze für verschiedene Substanzen möglich (Kapitel 10).

Der realisierte Infrarot-Sensor wurde mit einer selbst entwickelten Minimeßkammer zu einem Miniaturmeßsystem erweitert. Die Gesamtabmessungen dieses Systems betragen nur $35*35*20\ mm^3$. Es besteht aus einer Infrarot-Quelle, einer in der Absorptionslänge variablen

Küvette und dem Infrarot-Sensor. Aceton in Konzentrationen herab bis zu 200 ppm in deionisiertem Wasser konnte nachgewiesen werden (Kapitel 11).

Es konnte gezeigt werden, daß die Mehrdeutigkeit des Fabry-Perot-Interferometers in vielen Fällen der Spektroskopie keine wesentliche Einschränkung darstellt. Für die Fälle, in denen ein eindeutiges Transmissionsverhalten notwendig ist, werden verschiedene Lösungen vorgeschlagen und dimensioniert. Dabei wurde nachgewiesen, daß eine Doppelfilterstruktur in Zusammenhang mit entsprechender numerischer Auswertung für ein eindeutiges Transmissionsverhalten ausreichend ist (Kapitel 12).

Am Ende der Arbeit wird die Leistungsfähigkeit dieses neuen Infrarot-Sensors mit anderen Infrarot-Spektrometer-Systemen verglichen, und es werden Vorschläge unterbreitet, die mit der realisierten Struktur eine erhöhte Nachweisempfindlichkeit erwarten lassen. Andere Strukturen werden vorgeschlagen, die einen größeren eindeutigen Abstimmbereich bzw. eine höhere Auflösung bei höherem technologischen Aufwand bieten (Kapitel 13 und 14).

Das entworfene und realisierte Sensorkonzept eignet sich mit seinem nutzbaren Spektralbereich von 2 bis 8 µm zur Analyse von Flüssigkeiten mit einer Güte besser als 50. Es erweitert somit den Spektralbereich herkömmlicher miniaturisierter Spektrometer ganz erheblich in den für die Absorptionsspektroskopie sehr interessanten mittleren Infrarot-Bereich. Somit wurde ein preiswertes, durch sein optisches Meßverfahren sehr zuverlässiges und langzeitstabiles Meßsystem entwickelt, das somit auch einen Beitrag zum Umweltschutz liefern kann.

Einleitung

Unter dem Begriff Sensor faßt man alle Bauelemente zusammen, die zu messende physikalische Größen in entsprechende elektrische Signale umsetzen. Die Sensorik ist das Forschungsgebiet, das sich mit der Entwicklung von neuen Sensorprinzipien und der Optimierung vorhandener Sensoren beschäftigt. Heute wird der Sensorik eine zunehmend große Bedeutung beigemessen, da der Sensor als das entscheidende informationsliefernde Element der modernen Datenverarbeitung mit der sehr schnellen Entwicklung der Mikroelektronik (in erster Linie getragen durch die Halbleiterspeicher-Technologien) nicht Schritt gehalten hat. Wird das System aus Sensor und Datenverarbeitung noch durch Aktuatoren ergänzt, so ergeben sich völlig neue Einsatzgebiete z.B. in der Medizin (minimalinvasive Chirurgie, Blutzuckereinstellung), in der Industrie (selbststeuernde Flurförderfahrzeuge, „intelligente" Roboter), im Haushalt (selbständige Steuerung des Garungsprozesses im Ofen, Haushaltsroboter) und in andern Gebieten. Das Gesamtsystem Sensor - Datenverarbeitung - Aktuator stellt somit eines der gewaltigsten Marktpotentiale der Zukunft dar.

Viele physikalische Größen können heute schon sehr exakt mit Sensoren erfaßt werden. Dazu gehören z.B. Temperatur, Druck, magnetische Felder und Licht. Andere Maße wie z.B. Winkel, Position oder geographische Richtung werden auf diese Effekte zurückgeführt. Andere Größen, die für den Sinneseindruck des Menschen alltäglich sind, wie Geschmack, Geruch oder Oberflächenberührung, sind durch heute verfügbare Sensoren nur schwer oder gar nicht zu erfassen.

Das Gebiet der Chemosensorik hinkt in seinem Entwicklungsstand den anderen Sensoren nach, weshalb auf diesem Sektor die Forschung besonders intensiviert wurde. Dies liegt insbesondere daran, daß durch die ständig steigenden Anforderungen des Umweltschutzes, der Emissionsverhütungsvorschriften und der Arbeitsplatzüberwachung ein großer Bedarf an diesen Sensoren entstanden ist. Nicht zuletzt steigt das Umweltbewußtsein in der modernen Gesellschaft ständig und wird zunehmend auch von der Industrie nicht als Last betrachtet, sondern als Pflicht akzeptiert und als Marktchance erkannt.

Die an Chemosensoren gestellten Anforderungen sind sehr hoch, wenn sie in sicherheits-relevanten Systemen (Detektion von Leckagen in Gasleitungen, Verhütung von

Schlagwetterexplosionen in Bergwerken, CO-Konzentration in Tiefgaragen,...) eingesetzt werden. Zu diesen Anforderungen zählen beispielsweise Langzeitstabilität, kurze Ansprechzeiten, hohe Empfindlichkeiten (MAK-Werte), Reproduzierbarkeit, kleine Querempfindlichkeit, Massenherstellung und somit ein niedriger Preis. Typische Laboranalyseverfahren wie die Gaschromatographie, Massenspektroskopie oder Infrarotspektroskopie sind durch ihre aufwendige Apparatur zu teuer, durch ihre Funktionsvielfalt zu bedienerintensiv und durch ihre Abmessungen zu groß, so daß diesen Verfahren der Massenmarkt im On-line-Monitoring verschlossen bleibt.

Chemosensoren lassen sich nach zwei prinzipiell verschiedenen Wirkungsarten unterscheiden:
1.) Chemosensoren mit Kontakt zum Analyten, und
2.) Chemosensoren, die kontaktfrei arbeiten.

Zur ersten Gruppe gehören z.B. Festkörperionenleiter (Lamda-Sonde), Gassensoren auf der Basis halbleitender Oxide (SnO_x-Gassensoren), katalytische Wärmetönungssensoren (Pellistoren), piëzogravimetrische Sensoren (SAW-Sensoren) und elektrochemische Sensoren (elektrochemische Zellen). Geforderte Eigenschaften wie Langzeitstabilität, Selektivität und Reproduzierbarkeit sind durch diese Sensoren nur schwer zu erfüllen, da durch den direkten Kontakt zum Analyten Sensoralterungen und -schädigungen (Katalysatorgifte) nicht auszuschließen sind. Weiter können prinzipielle Querempfindlichkeiten nicht eliminiert werden.

Zur zweiten Kategorie zählen optische Sensoren, wie sie in der Spektroskopie oder Photoakustik Verwendung finden. Dabei wird die Absorption optischer Strahlung im Analyten ausgenutzt. Die Photoakustik detektiert die durch die Erwärmung bei Absorption auftretenden Schallwellen. Bei der Absorptionsspektroskopie wird aus dem transmittierten Spektralanteil der Absorbierte berechnet. Die Intensität der Absorption ist bei bekannter Meßstrecke ein Maß für die Konzentration des Analyten, die Absorption über der Wellenlänge führt zur Identifikation. Größter Vorteil dieser Sensoren ist die berührungslose Messung. Deshalb ist heute die Infrarot-Spektroskopie zu einem der gebräuchlichsten Verfahren zur Analyse von Gasen und Flüssigkeiten im Labor herangereift. Diese Geräte sind in der Anschaffung und im Betrieb sehr teuer, groß und schwer - somit nicht transportabel - und für eine Reihe von Untersuchungen in ihren Leistungsdaten nicht ausgeschöpft.

Für die Abdeckung gerade dieser Aufgabengebiete bietet sich die Entwicklung eines kleinen preiswerten Sensors mit entsprechend geringerer Auflösung, aber sehr niedrigem Energiebedarf an. Ziel dieser Arbeit war die theoretische und experimentelle Untersuchung eines miniaturisierten spektral-abstimmbaren Infrarot-Sensors. Der entwickelte Sensor kann kein Ersatz für konventionelle Labor-Infrarot-Spektrometer darstellen; vielmehr soll der Massenmarkt abgedeckt werden, der nicht die hohen Auflösungen und niedrigen Nachweisgrenzen braucht, sondern kleine, tragbare und preiswerte Systeme verlangt.

Die enormen Fortschritte in der Silizium-Technologie haben auch die Silizium-Mikromechanik stark vorangetrieben. Somit ist die Integration eines Fabry-Perot-Interferometers als abstimmbares, mehrdeutiges Infrarot-Filter und eines breitbandig empfindlichen Infrarot-Detektors möglich geworden. Die Möglichkeit, gleichzeitig viele Sensoren zu prozessieren - der sogenannte Batch-Prozeß - führt zu niedrigen Stückpreisen. Somit ist die Silizium-Mikromechanik eine ideale Technologie, kleine preiswerte Sensoren für den Massenmarkt herzustellen.

Nur wenn ein Sensor ungekühlt arbeitet, kann die Forderung nach geringem Energiebedarf erfüllt werden. Somit ist nur die Integration eines thermischen Detektors sinnvoll, da nur dieses Detektorprinzip ohne Kühlung auskommt.

Aufgrund der hohen Absorptionskoeffizienten von Flüssigkeiten sind für deren Analyse kurze Küvettenlängen hinreichend und notwendig. Dies vereinbart sich hervorragend mit einem kleinen Sensor, so daß zur Flüssigkeitsanalyse ein sehr kompaktes Meßsystem aufgebaut werden kann. Die Analyse von Gasen ist ebenso möglich, dazu sind dann aber entsprechend lange Küvetten notwendig, die den Vorteil des kompakten Aufbaus zwar zunichte machen, nicht aber die des niedrigen Systempreises und des niedrigen Energiebedarfs.

Kapitel 1

1. Der Infrarot-Sensor: Beschreibung der Einzelkomponenten

Der in dieser Arbeit untersuchte Infrarot-Sensor setzt sich aus einem abstimmbaren optischen Filter und einem thermischen Infrarot-Detektor zusammen. Beide Komponenten sind mit Methoden der Silizium-Mikromechanik hergestellt und in nur einem Bauelement integriert. Bei dem Infrarot-Filter handelt es sich um ein schmalbandiges, mehrdeutiges Fabry-Perot-Interferometer, das im optischen Pfad vor dem breitbandig empfindlichen Infrarot-Detektor sitzt. Im folgenden werden sowohl das Fabry-Perot-Interferometer, als auch verschiedene Detektorvarianten theoretisch beschrieben.

1.1. Fabry-Perot-Interferometer

Eine herkömmliche variable Fabry-Perot-Interferometeranordnung zeigt Bild 1.1, wie sie von Charles Fabry und Alfred Perot gegen Ende des 19. Jahrhunderts erstmals beschrieben wurde. /16/

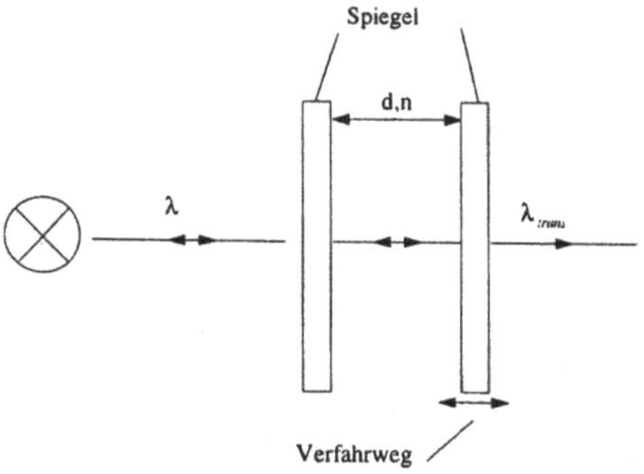

Bild 1.1: Prinzip eines Fabry-Perot-Interferometers

Bei einem Fabry-Perot-Interferometer liegen sich zwei Spiegel gegenüber, deren Oberflächen mit einem Film beschichtet sind, der ein bestimmtes Transmissions-/Reflexionsverhalten (T,R) besitzt. Wünscht man eine durchstimmbare Filtercharakteristik, so muß mindestens einer der Spiegel beweglich angeordnet sein, so daß der Abstand d zwischen den Spiegeln verändert werden kann. Diese Abstandsänderung zwischen den reflektierenden Filmen macht es möglich, die interferometrischen Charakteristiken der Anordnung zu verändern. Somit muß aber auch der Abstand zwischen den reflektierenden Filmen äußerst genau festgelegt werden.

Wie Bild 1.1 zeigt, trifft polychromatische Strahlung von links auf den ersten Spiegel. Ein Teil dieser Strahlung wird reflektiert, ein Teil absorbiert und der Rest transmittiert. Die Interferenzerscheinung entsteht durch Superposition des Wellensystems, bestehend aus der einlaufenden und der am rechten Spiegel reflektierten Welle.

Im Folgenden wird ein Ausdruck abgeleitet, der die transmittierte Intensität in Abhängigkeit der Wellenlänge, des Einfallswinkels und der Materialkonstanten beschreibt. Bild 1.2 zeigt, wie die ebenen Wellen sukzessive zwischen den beiden ebenen, parallelen Spiegeloberflächen 1 und 2 reflektiert werden.

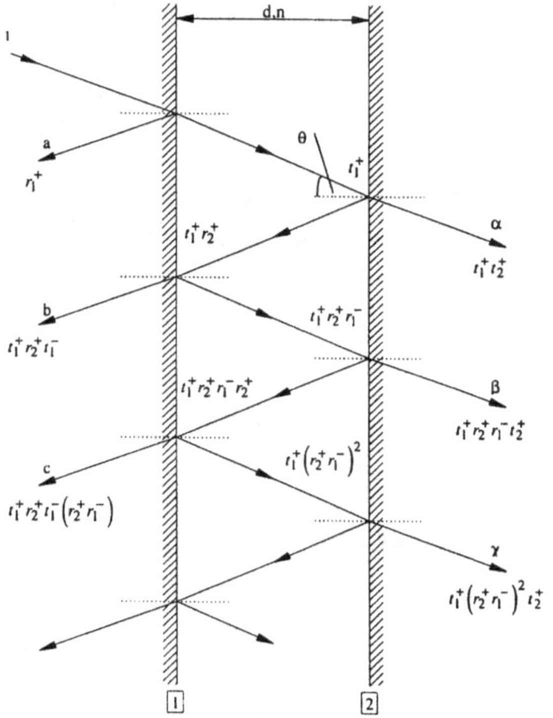

Bild 1.2: Strahlengang in einem Fabry-Perot-Interferometer /70/

Der einfallende Strahl hat die relative Amplitude 1, die Amplituden des reflektierten Strahlenbündels sind mit a, b, c, ..., die des Transmittierten mit α, β, χ, ... bezeichnet. Dabei sei r der komplexe Reflexionsfaktor der Oberfläche 1 bzw. 2, t der zugehörige komplexe Transmissionsfaktor. Läuft der einfallende Strahl von links nach rechts, so ist der an der nächsten Oberfläche auftretende Reflexionsfaktor bzw. Transmissionsfaktor mit einem hochgestellten „+" gekennzeichnet, läuft der einfallende Strahl von rechts nach links, so ist der an der nächsten Oberfläche auftretende Reflexionsfaktor bzw. Transmissionsfaktor mit einem hochgestellten „-" gekennzeichnet.

Damit die reflektierten und transmittierten Strahlenbündel jeweils konstruktiv miteinander interferieren, muß der Gangunterschied (=Phasendifferenz) zwischen zwei Strahlen gerade zweimal dem zwischen den Spiegeln zurückgelegten optischen Weg entsprechen. Dieser ergibt sich also zu

$$\varphi = 2\pi * \frac{(2dn\cos\theta)}{\lambda} \tag{1.1}$$

Abgesehen vom ersten reflektierten Strahl a wird die jeweilige Folgeamplitude sowohl im reflektierten als auch im transmittierten Strahlenbündel um den Faktor $r_1^- r_2^+ e^{i\varphi}$ geschwächt. Superpositioniert man die ersten m transmittierten Strahlen, so ergibt sich für den resultierenden E-Feld-Vektor des transmittierten Lichts:

$$\begin{aligned} E_t(m) &= t_1^+ t_2^+ \left[1 + r_1^- r_2^+ e^{i\varphi} + \left(r_1^- r_2^+\right)^2 e^{2i\varphi} + \ldots + \left(r_1^- r_2^+\right)^{(m-1)} e^{(m-1)i\varphi} \right] \\ &= t_1^+ t_2^+ \left[1 - \left(r_1^- r_2^+\right)^m e^{mi\varphi} \right] \Big/ \left(1 - r_1^- r_2^+ e^{i\varphi}\right) \end{aligned} \tag{1.2}$$

Führt man den Grenzübergang $m \to \infty$ durch, so ergibt sich

$$E_t(m \to \infty) = t_1^+ t_2^+ \Big/ \left(1 - r_1^- r_2^+ e^{i\varphi}\right) \tag{1.3}$$

Die transmittierte Intensität berechnet sich aus dem Produkt von E-Feld-Vektor und dem konjungiert komplexen E-Feld-Vektor:

$$I_t = \left|t_1^+ t_2^+\right|^2 \Big/ \left(1 + \left|r_1^- r_2^+\right|^2 - 2 * \left|r_1^- r_2^+\right| * \cos(\varphi + \varepsilon)\right) \tag{1.4}$$

Dabei ist ε die durch die Reflexion an Oberfläche 1 bzw. 2 auftretende Phasenverschiebung:

$$\varepsilon = \arctan\left(r_1^-\right) + \arctan\left(r_2^+\right) \tag{1.5}$$

Sind die Oberflächen 1 und 2 identische, unbeschichtete Dielektrika, so sind die Koeffizienten r und t real und durch die gewöhnlichen Fresnelschen Formeln gegeben.

Für eine solche Oberfläche gilt demnach:

$t^+ = t^- \quad {t^+}^2 = {t^-}^2 = T \quad r^+ = r^- \quad {r^+}^2 = {r^-}^2 = R \quad R + T = 1$, wobei R und T der

Intensitätsreflexions- bzw. -transmissionsfaktor ist.

Setzt man ε zu Null an, so kann man Gleichung 1.4 umschreiben zu:

$$\begin{aligned} I_T &= \frac{T^2}{1+R^2-2*R*\cos\varphi} \\ &= \frac{T^2}{(1-R)^2+4*R*\sin^2(\varphi/2)} \\ &= \left[\frac{T}{1-R}\right]^2 \left[\frac{1}{1+4R/(1-R)^2\sin^2(\varphi/2)}\right] \\ &= I_{T_0}\left[\frac{1}{1+4R/(1-R)^2\sin^2(\varphi/2)}\right] \end{aligned} \qquad (1.6)$$

I_T ist der Energie-Transmissionskoeffizient für ein Spiegelpaar mit gleichen Oberflächeneigenschaften. Diese Gleichung ist allgemein unter dem Namen Airy-Funktion bekannt /70/. Berechnet man analog die reflektierte Energie, so ergibt sich I_R zu:

$$\begin{aligned} I_R = E_r*E_r^* &= \frac{2R(1-\cos\varphi)}{1+R^2-2R\cos\varphi} \\ &= \frac{4R\sin^2(\varphi/2)}{(1-R)^2+4R\sin^2(\varphi/2)} \end{aligned} \qquad (1.7)$$

Die Summe aus I_T und I_R ergibt notwendigerweise immer den Wert $I_T + I_R = 1$ für alle Wellenlängen und Einfallswinkel, wenn es keinen Energieverlust durch Streuung oder Absorption an den Oberflächen gibt. Ein typischer Kurvenverlauf von I_T ist in Bild 1.3 dargestellt. Für kleine Werte von R sind die Transmissionsmaxima breit, und die Transmissionsminima erreichen den Wert 0 nicht annähernd. Mit steigendem R werden die Maxima schärfer, der Kontrast steigt stark an.

Man erkennt, daß durch Drehen des Filters (Variation von cosθ) derselbe Effekt erzielt wird, wie bei der Variation des Spiegelabstands d. Dies wird ausgenutzt, um sehr fein auf die gewünschte Transmissionswellenlänge abstimmen zu können. Dazu wird erst der Spiegelabstand möglichst exakt eingestellt und anschließend der Feinabgleich durch Drehen des Filters durchgeführt. Bei Drehung um 1° ändert man φ um 0.015%. Für die in dieser

Arbeit gewählte Struktur und Küvettenanordnung kann in sehr guter Näherung immer von rechtwinkligem Strahlungseinfall ausgegangen werden.

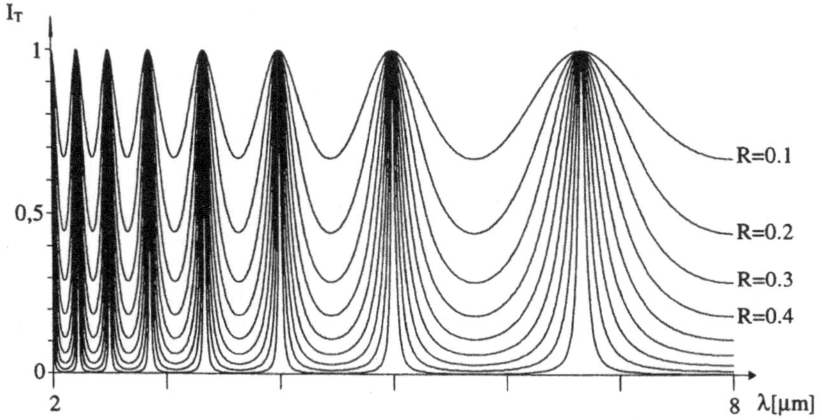

Bild 1.3: Transmittierte Intensität über der Wellenlänge für Reflexionswerte R von 0.1 bis 0.8

Hohe Werte von R erzielt man durch multilayer-dielektrische Schichten oder durch dünne , teilweise transparente Metallfilme. Für Metalle gilt die idealistische Annahme der ideal dielektrischen Spiegel nicht mehr, die Verhältnisse am Fabry-Perot-Interferometer ändern sich entscheidend. Einerseits kann die Absorption nicht vernachlässigt werden, andererseits stehen die Reflexion und der Phasensprung an der Oberfläche nicht mehr in einem einfachen, direkten Zusammenhang.

Da allgemein auf Grund der Energieerhaltung gelten muß, daß

$$R+T+A=1 \qquad (1.8)$$

ist, wobei A der Intensitäts-Absorptionskoeffizient ist, kann der Intensitäts-Transmissionskoeffizient T ersetzt werden durch T=1-R-A. Berücksichtigt man in Gleichung 1.7 für die transmittierte Intensität den zusätzlichen Phasensprung mit ε, so kann man diese umformen zu:

$$
\begin{aligned}
I_T &= \frac{T^2}{1+R^2-2R\cos(\varphi+\varepsilon)} \\
&= \frac{(1-R-A)^2}{(1-R)^2+4R\sin^2((\varphi+\varepsilon)/2)} \\
&= \left[\frac{1-R-A}{1-R}\right]^2 \left[\frac{1}{1+4R/(1-R)^2\sin^2((\varphi+\varepsilon)/2)}\right] \\
&= \left[1-\frac{A}{1-R}\right]^2 \left[\frac{1}{1+4R/(1-R)^2\sin^2((\varphi+\varepsilon)/2)}\right]
\end{aligned} \qquad (1.9)
$$

Erreichte bei idealen dielektrischen Schichten I_{T0} den Wert 1 (T=1-R), so ist bei absorbierenden Schichten der Wert von I_{T0} nur mehr

$$
I_{T_0} = \left[1-\frac{A}{1-R}\right]^2 = \left[1-\frac{A}{A+T}\right]^2 \qquad (1.10)
$$

Um große Transmissionswerte zu erreichen, muß die Absorption A im Vergleich zur Transmission T der Spiegeloberfläche klein sein.

1.1.1. Transmissionsmaxima

Wie aus Bild 1.3 bereits ersichtlich ist, hat die transmittierte Intensität I_T mehrere Maxima. Die Lage der Maxima in Bezug auf die Wellenlänge erhält man allgemein, indem man die erste Ableitung von I_T zu 0 setzt und nach der Wellenlänge λ auflöst. Hier jedoch läßt sich leicht sehen, daß I_T immer dann maximal wird, wenn

$$
\sin^2\left(\frac{\varphi+\varepsilon}{2}\right) = 0 \qquad (1.11)
$$

wird. Daraus ergibt sich, daß

$$
\frac{2\pi\,(2nd\cos\theta)/\lambda+\varepsilon}{2} = \pi m \qquad mit\ m = 1,2,3,4\ldots \qquad (1.12)
$$

sein muß, bzw. nach λ aufgelöst

$$\lambda = \frac{2\pi(2nd\cos\theta)}{2\pi m - \varepsilon} \qquad mit\ m = 1,2,3,4... \tag{1.13}$$

Gleichung 1.12 und 1.13 zeigen, daß die Amplitude der transmittierten Intensität nicht wesentlich vom Phasensprung am Metallspiegel ε abhängt. Es verschieben sich lediglich die Maxima in Bezug auf die Wellenlänge. Dies kann man auch durch einen modifizierten Spiegelabstand d' ausdrücken:

$$\lambda = \frac{2\pi(2nd'\cos\theta)}{2\pi m} \qquad mit\ m = 1,2,3,4... \tag{1.14}$$

Geht man davon aus, daß der Spiegelabstand mit Luft gefüllt ist (n = 1) und daß das Licht senkrecht auf die Spiegel trifft (cos θ =1), läßt sich schreiben:

$$\lambda = \frac{2d'}{m} \qquad mit\ m = 1,2,3,4...$$
$$d' = m\frac{\lambda}{2} \qquad mit\ m = 1,2,3,4... \tag{1.15}$$

Passen ganzzahlige Vielfache der halben Wellenlänge in den korrigierten Spiegelabstand d', wird das eingestrahlte Licht transmittiert, ansonsten absorbiert. Der Wert von I_T im Maximum entspricht I_{T0}.

1.1.2. Transmissionsminima

Analog zu den Transmissionsmaxima kann man auch den Ort der Transmissionsminima bestimmen. Dabei muß gelten, daß

$$\sin^2\left(\frac{\varphi + \varepsilon}{2}\right) = 1 \text{ wird.} \tag{1.16}$$

Somit ergibt sich

$$\frac{2\pi(2nd\cos\theta)/\lambda + \varepsilon}{2} = \frac{\pi}{2}(2m+1) \qquad mit\ m = 1,2,3,4... \tag{1.17}$$

bzw. nach λ aufgelöst

$$\lambda = \frac{2\pi(2nd\cos\theta)}{\pi(2m+1)-\varepsilon} \quad mit\ m = 1,2,3,4... \tag{1.18}$$

Auch hier läßt sich, wie schon bei den Transmissionsmaxima, zeigen, daß das zusätzliche ε durch einen modifizierten Spiegelabstand d' ausgedrückt werden kann.

$$\lambda = \frac{2\pi(2nd'\cos\theta)}{\pi(2m+1)} \quad mit\ m = 1,2,3,4... \tag{1.19}$$

Geht man auch hier wieder von einem luftgefüllten Spiegelabstand (n=1) und senkrechtem Lichteinfall (cos θ =1) aus, so läßt sich vereinfachen:

$$\begin{aligned} \lambda &= \frac{4d'}{2m+1} \quad mit\ m = 1,2,3,4... \\ d' &= (2m+1)\frac{\lambda}{4} \quad mit\ m = 1,2,3,4... \end{aligned} \tag{1.20}$$

Der Wert von I_T im Minimum ergibt sich dann zu

$$I_{T_{min}} = \left[1 - \frac{A}{1-R}\right]^2 \left[\frac{(1-R)^2}{(1-R)^2 + 4R}\right] \tag{1.21}$$

1.1.3. Eindeutig abstimmbarer Spektralbereich

Wie aus Bild 1.3 bereits erkenntlich, besitzt die Funktion I_T laut Gleichung 1.9 mehrere Transmissionspeaks. Diese verschieben sich über der Wellenlänge, wenn man den Spiegelabstand variiert. Der Abstand zwischen zwei solchen Transmissionspeaks wird als eindeutiger Abstimmbereich bezeichnet. Dieser ergibt sich zu

$$\Delta\lambda = \frac{2nd'\cos\theta}{m} - \frac{2nd'\cos\theta}{m+1} = \frac{n\lambda\cos\theta}{m+1} \tag{1.22}$$

Um bei konstanter Transmissionswellenlänge λ_0 von einem Peak zum nächsten zu wechseln, muß der Spiegelabstand gerade um $\lambda/2$ verändert werden - dies ist gleichbedeutend einer Erhöhung bzw. Erniedrigung der Ordnung um 1.

1.1.4. Halbwertsbreite

Die Halbwertsbreite eines solchen Transmissionspeaks ist derjenige Wellenlängenabstand, der sich zwischen den beiden Punkten der halben Maximalintensität ausbildet:

$$HW(\lambda) = \left| \lambda_1 \left(I_{T_0}/2 \right) - \lambda_2 \left(I_{T_0}/2 \right) \right| \tag{1.23}$$

Die Halbwertsbreite bestimmt letztendlich die Auflösung einer spektroskopischen Anordnung. In Bild 1.4 sind zwei aufeinanderfolgende Peaks nochmals dargestellt.

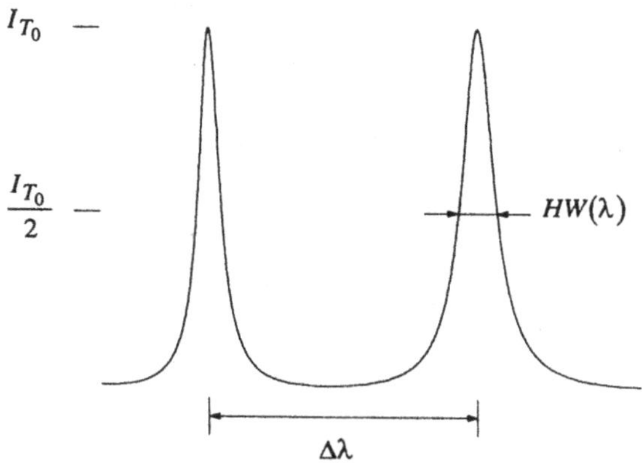

Bild 1.4: Transmittierte Intensität zweier benachbarter Transmissionspeaks

Aus Gleichung 1.9 kann die Halbwertsbreite abgeleitet werden:

$$I_T = \frac{I_{T_0}}{2} = I_{T_0} * \frac{1}{1 + \frac{4R}{(1-R)^2} * \sin^2\left(\frac{\varphi + \varepsilon}{2}\right)} \tag{1.24}$$

Es ist leicht ersichtlich, daß dann gelten muß:

$$\frac{4R}{(1-R)^2} * \sin^2\left(\frac{\varphi + \varepsilon}{2}\right) = 1 \tag{1.25}$$

bzw.

$$\sin^2\left(\frac{\varphi+\varepsilon}{2}\right)=\frac{(1-R)^2}{4R}. \tag{1.26}$$

Die Halbwertsbreite ist folglich nur dann definiert, wenn

$$\frac{(1-R)^2}{4R}\leq 1 \tag{1.27}$$

ist. Daraus ergibt sich eine quadratische Gleichung in R mit der Randbedingung R ≤ 1:

$$R^2-6R+1\leq 0 \tag{1.28}$$

Gleichung 1.28 wird für R ≥ 0.17 erfüllt. Dies ist keine praxisrelevante Einschränkung, da höhere Werte ohne Probleme erzielt werden und für einen großen Kontrast auch notwendig sind.

Setzt man in Gleichung 1.26 für $\varphi+\varepsilon=\frac{2\pi d' n\cos\theta}{\lambda}$ ein, zieht die Wurzel und beachtet die Periodizität des Sinus, so erhält man:

$$\frac{2\pi d' n\cos\theta}{\lambda}=m\pi\pm\arcsin\left(\frac{1-R}{2\sqrt{R}}\right)\approx m\pi\pm\left(\frac{1-R}{2\sqrt{R}}\right) \tag{1.29}$$

Hierbei ist der Sinus durch eine Summenreihe entwickelt, die nach dem ersten Glied abgebrochen ist /5/. Bildet man nun die Differenz aus größerer und kleinerer Wellenlänge, erhält man:

$$\begin{aligned} HW(\lambda)&=\frac{2\pi d' n\cos\theta}{m\pi-\left(\frac{1-R}{2\sqrt{R}}\right)}-\frac{2\pi d' n\cos\theta}{m\pi+\left(\frac{1-R}{2\sqrt{R}}\right)}\\ &=2\pi d' n\cos\theta\left[\frac{1}{m\pi-\left(\frac{1-R}{2\sqrt{R}}\right)}-\frac{1}{m\pi+\left(\frac{1-R}{2\sqrt{R}}\right)}\right] \end{aligned} \tag{1.30}$$

Macht man den Nenner des Klammerausdrucks gleichnamig und faßt zusammen, so ergibt sich:

$$HW(\lambda) = 2\pi d' n \cos\theta \left[\frac{2 * \left(\frac{1-R}{2\sqrt{R}} \right)}{(m\pi)^2 - \left(\frac{1-R}{2\sqrt{R}} \right)^2} \right] = \frac{\lambda n \cos\theta (1-R)}{\sqrt{R} m\pi \left(1 - \left(\frac{1-R}{2\sqrt{R} m\pi} \right)^2 \right)} \tag{1.31}$$

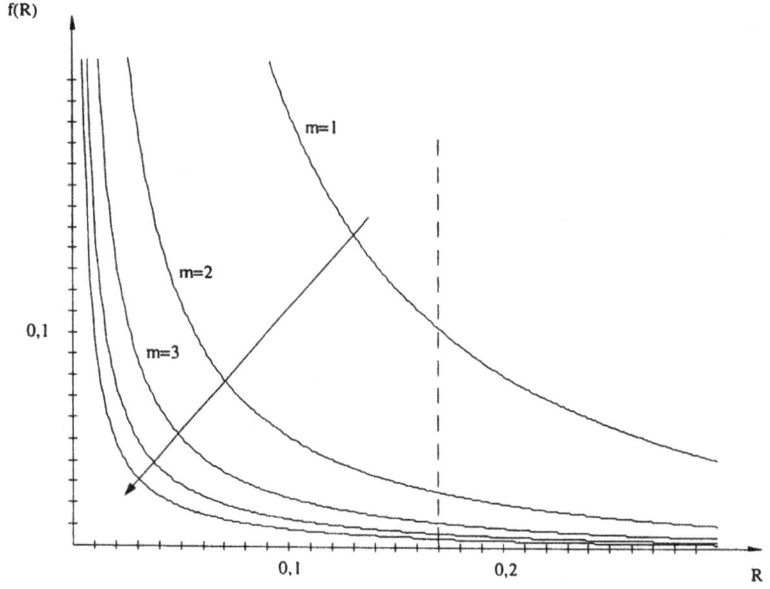

Bild 1.5: Fehlerterm über R und steigende m

In Bild 1.5 ist die Funktion $f(R)=\left(\frac{1-R}{2\sqrt{R}m\pi}\right)^2$ für mehrere m dargestellt. Man sieht, daß für größere R (praxisrelevant) und für größeres m die Funktion sehr schnell gegen Null strebt. Somit kann man schreiben:

$$HW(\lambda)=\frac{\lambda n\cos\theta(1-R)}{\sqrt{R}m\pi} \tag{1.32}$$

1.1.5. Güte

Die Güte eines Filters ist der Quotient aus der Wellenlänge und der Halbwertsbreite bei dieser Wellenlänge. Sie ergibt sich hier somit zu:

$$Q=\frac{\lambda}{HW(\lambda)}=\frac{m\pi}{n\cos\theta}\frac{\sqrt{R}}{1-R} \tag{1.33}$$

1.2. Infrarot-Detektor

Zur Detektion infraroter Strahlung lassen sich Strahlungsempfänger nach zwei Hauptprinzipien herstellen.

Zum einen wird bei den Quantendetektoren die Ladungsträgergeneration in Halbleitern durch Absorption von Strahlung mit einer Energie größer als dem Halbleiter-Bandabstand benutzt. Wegen

$$E_{Ph}=h*\nu=h*\frac{c}{\lambda_c}=E_g=\frac{1{,}24}{\lambda_c[\mu m]}$$

$$\begin{aligned}&E_{Ph} := \textit{Energie eines Photons } [eV]\\ &h := \textit{Planck - Konstante } [Js]\\ &\nu := \textit{Frequenz der Strahlung } [Hz]\\ &c := \textit{Vakuumlichtgeschwindigkeit } [m/s]\\ &\lambda_c := \textit{Grenzwellenlänge } [m]\\ &E_g := \textit{Bandabstand } [eV]\end{aligned} \tag{1.34}$$

sind dazu im infraroten Spektralbereich Materialien mit niedrigem Bandabstand erforderlich, z.B. der Verbindungshalbleiter $Cd_xHg_{1-x}Te$. Je nach Cadmium-Anteil variieren Eg von 0,05 ... 1,1 eV und somit die Grenzwellenlänge λ_c von 25 ... 1,1 µm. Nur dieses Prinzip ermöglicht Anstiegszeiten im µs-Bereich und darunter und die höchsten Empfindlichkeiten. Allerdings ist der Betrieb bei niedrigen Temperaturen (77 K und weniger) bei entsprechendem Kühlaufwand notwendig /63/.

Zum anderen handelt es sich um thermische Detektoren, bei denen die Absorption der Strahlung mit Hilfe einer Infrarot absorbierenden Beschichtung zur Temperaturänderung eines Detektorelements führt. Diese kann dann über einen sekundären, z.B. elektrischen Effekt nachgewiesen werden. Bild 1.6 zeigt das Funktionsprinzip eines thermischen Detektors.

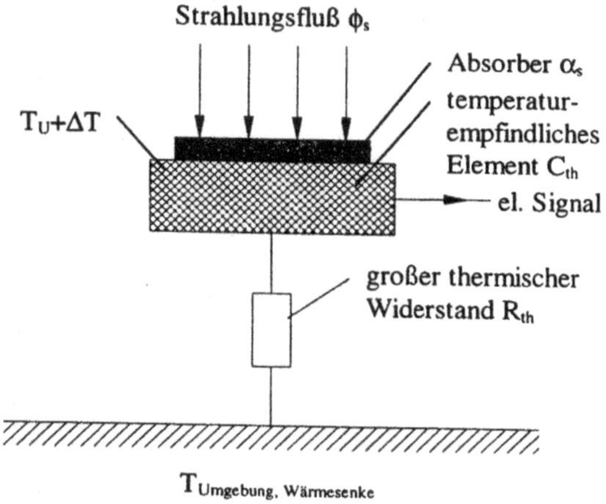

Bild 1.6: Schematische Darstellung eines thermischen Strahlungsempfängers

Infrarote Strahlung trifft auf den Absorber, der sich dadurch erwärmt. Dieser ist mit einem möglichst kleinen thermischen Widerstand an ein temperaturempfindliches Element mit der thermischen Wärmekapazität C_{th} gekoppelt, so daß dieses sich gleichermaßen erwärmt. Diese Anordnung ist durch einen großen thermischen Widerstand R_{th} von seiner Umgebung weitgehend thermisch isoliert, so daß sich bereits für kleine Strahlungsflüsse ein große Temperaturerhöhung ΔT ergibt. Die thermische Zeitkonstante τ_{th} ergibt sich zu

$$\tau_{th} = R_{th} * C_{th}$$

$$\begin{aligned} \tau_{th} &:= \textit{thermische Zeitkonstante } [s] \\ R_{th} &:= \textit{thermischer Widerstand } [K / W] \\ C_{th} &:= \textit{thermische Kapazität } [J / K] \end{aligned} \quad (1.35)$$

Durch sie wird die Ansprechgeschwindigkeit des Detektors bestimmt. Die Temperaturerhöhung ist für sinusförmig modulierten Strahlenfluß gegeben durch

$$\Delta T = \alpha_s \phi_s R_{th} \frac{1}{\sqrt{1 + \omega^2 \tau_{th}^2}}$$

$$\begin{aligned} \Delta T &:= \textit{Temperaturänderung } [K] \\ \alpha_s &:= \textit{Absorptionswirkungsgrad } [] \\ \phi_s &:= \textit{Strahlungsfluß } [W] \\ \omega &:= \textit{Kreisfrequenz } [1 / s] \end{aligned} \quad (1.36)$$

Für große ΔT muß der Absorptionskoeffizient α_S im interessierenden Wellenlängenintervall möglichst nahe bei 1 liegen. Die Wärmekapazität

$$C_{th} = c' * d_s * A_s$$

$$\begin{aligned} c' &:= \textit{volumenbezogene Wärmekapazität } [J / m^3 K] \\ d_s &:= \textit{Dicke des Sensorelements } [m] \\ A_s &:= \textit{Fläche des Sensorelements } [m^2] \end{aligned} \quad (1.37)$$

muß möglichst klein sein. Das erfordert eine Minimierung der volumenspezifischen Wärmekapazität c' und der geometrischen Abmessungen (Dicke d_S, Fläche A_S) des empfindlichen Elements /13/. Der Erhöhung des thermischen Widerstands R_{th} der Detektoraufhängung steht die damit verbundene Erhöhung der thermischen Zeitkonstante entgegen, so daß Kompromisse zu schließen sind.

Die Widerstandsänderung des temperaturempfindlichen Elements kann mit dem Meßstrom I gemessen werden. Je nach den Eigenschaften der absorbierenden Schicht ist die Empfindlichkeit eines derartigen Bolometers über der Wellenlänge einstellbar bzw. weitgehend wellenlängenunabhängig.

Das temperaturempfindliche Element kann mit verschiedenen Materialien realisiert werden. In der Literatur sind zahlreiche Varianten beschrieben worden, z.B. mit Metalloxid-Thermistoren oder mit Kohleschicht-Widerständen /32/. Allen diesen Materialien ist die Eigenschaft gemeinsam, daß sie zu den standardisierten Prozessen der Silizium-Technologie inkompatibel sind. Soll ein solches Bolometer aus Kostengründen (Batchprozeß) oder wegen der unmittelbaren Weiterleitung in die Signalverarbeitung in dieser Technologie gefertigt werden, so bieten sich folgende ausnutzbare Temperatureffekte an:

- der Seebeck-Effekt, der bei unterschiedlichen Metallen oder bei unterschiedlich dotiertem Silizium oder zwischen Silizium und Metallen auftritt,
- die temperaturabhängige Variation der Barrierenhöhe von Mehrschichtstrukturen und
- die Temperaturabhängigkeit der elektrischen Leitfähigkeit von Metallen oder Silizium.

Unter Vorletzterem seien hier pn-Übergänge und Dreischicht-Transistorstrukturen verstanden. Die Verwendung von Silizium-pn-Dioden zur Temperaturmessung ist allgemein bekannt. Bei Flußpolung und Speisung mit einer temperaturstabilen Stromquelle weisen sie einen Spannungs-Temperaturkoeffizienten von $\alpha_U \approx -2$ mV/K auf. Bei Sperrpolung fließt der übliche Sperrstrom, der in der Regel von der Generation in der Raumladungszone herrührt. In diesem Fall beträgt sein Temperaturkoeffizient $\alpha_I^* = 8$ %/K bei 300K. Der sehr kleine Sperrstrom im pA-Bereich, der leicht von Leckströmen und weiteren Störeffekten überlagert werden kann, eignet sich jedoch nicht gut für die Signal-Weiterverarbeitung, so daß aus Systemüberlegungen heraus pn-Dioden in Sperrpolung nicht angewendet werden. Von großem Interesse sind hingegen Dreischicht-Strukturen, bei denen eine im Halbleiter gebildete Barriere den Stromfluß steuert /32/. Solche Elemente wurden am Lehrstuhl für Technische Elektronik entwickelt, jedoch ist deren technologische Komplexität mit den mikromechanischen Anforderungen nur schwer zu vereinbaren, so daß diese Detektorvariante für dieses Forschungsvorhaben nicht weiterverfolgt wurde.

Die Elemente, die auf dem Seebeck-Effekt und der Temperaturabhängigkeit des elektrischen Widerstands beruhen, sind im Folgenden näher beschrieben.

1.2.1. Der Seebeck-Effekt (Thermoelektrischer Effekt)

Verbindet man zwei (Halb-)Leiter a und b miteinander und befindet sich die Kontaktstelle auf einem anderen Temperaturniveau gegenüber den anderen Enden der Leiter, so kann man an diesen Enden eine Leerlaufspannung messen, so wie in Bild 1.7 dargestellt.

Bild 1.7: Prinzipdarstellung des Seebeck-Effekts /62/

Dieser Effekt ist nach T. J. Seebeck (1770-1831) benannt, der ihn 1821 entdeckte; er läßt sich mathematisch durch folgenden Ausdruck beschreiben:

$$\Delta U = \eta \Delta T$$

$$\Delta U := Spannungsdifferenz\,[V] \qquad (1.38)$$
$$\eta := Seebeck - Koeffizient\,[V/K]$$

wobei η der differenzielle Seebeck-Koeffizient in V/K (gebräuchlicher mV/K) ist. Der Seebeck-Effekt tritt nur auf, wenn man verschiedene Materialien, ein sogenanntes Thermopaar, in Kontakt bringt. Für gleiche Materialien kann aus Symmetriegründen keine Thermospannung existieren. Das Auftreten einer Thermospannung erklärt sich aus der Verschiedenheit der Austrittsarbeit in den unterschiedlichen Materialien. Es können drei Ursachen für die Thermospannung angegeben werden /23/:

1. Diffusion der Ladungsträger entlang dem Temperaturprofil.

2. Änderung der kinetischen Energie der Ladungsträger infolge des Temperaturgradienten.

3. Änderung des Ferminiveaus vom heißen zum kalten Ende.

Man kann Leiter auffassen als Potentialtöpfe, die mit Elektronen bis zur Fermienergie aufgefüllt sind. Der Energieabstand von diesem Ferminiveau bis zum Vakuumniveau ist die Austrittsarbeit. Bringt man verschiedene Leiter in Kontakt, so verschwindet die Barriere zwischen den beiden Potentialtöpfen, und Elektronen fließen vom Leiter mit der höher liegenden Fermienergie, gleichbedeutend mit niedrigerer Austrittsarbeit, in den anderen Leiter. Durch diesen Elektronentransfer bildet sich eine Gegenspannung, es stellt sich schließlich ein dynamisches Gleichgewicht ein, es fließen gleich viele Elektronen von Leiter a in den Leiter b wie auch zurück. Es ergibt sich ein gemeinsames, gleichhohes Ferminiveau.

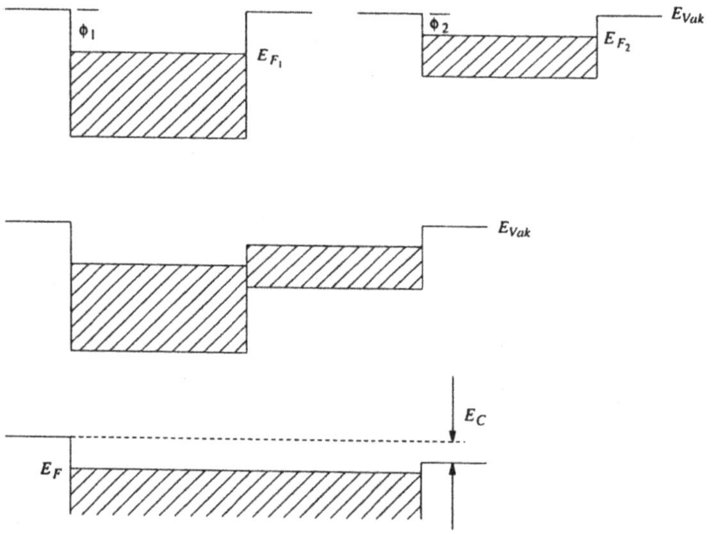

Bild 1.8: Schematische Darstellung der Energieniveaus bei Kontakt zweier unterschiedlicher Leiter /44/

Das Kontaktpotential ist ungefähr die Differenz der Fermienergien bzw. die Differenz der Austrittsarbeiten.

$$E_C = E_{F_1} - E_{F_2} = \phi_1 - \phi_2$$

$$E_C := Kontaktpotential\,[eV] \qquad (1.39)$$
$$E_{F_{1/2}} := Fermienergie\,[eV]$$
$$\phi_{1/2} := Austrittsarbeit\,[eV]$$

Die Kontaktspannung ergibt sich dann zu

$$U_{12} = \frac{E_C}{e} \qquad (1.40)$$

$$U_{12} := Kontaktspannung\,[V]$$
$$e := Elementarladung\,[As]$$

Die Kontaktspannung ist somit eine temperaturabhängige Größe, da sich das Ferminiveau durch thermische Anregung verschiebt /31/

Für die Empfindlichkeit eines solchen Thermoelements gilt bei kontinuierlichem Strahlungsfluß

$$S = S_0 = \alpha_s * \eta * R_{th} \qquad (1.41)$$

$$S := Empfindlichkeit\,[V / W]$$

bzw.

$$S = S_0 \frac{1}{\sqrt{1 + \omega^2 \tau_{th}^2}} \qquad (1.42)$$

für sinusförmig modulierten Strahlungsfluß und mit η, der differentiellen Thermospannung.

Das thermische Rauschen des Innenwiderstandes ist beim Strahlungsthermoelement die dominante Rauschquelle, so daß für die Rauschspannung gilt /28/:

$$\tilde{u}_{Rn} = \sqrt{4kTR_{Th}\Delta f}$$

$$\begin{aligned}
&\tilde{u}_{Rn} := Rauschspannung\ [V] \\
&k := Bolzmann-Konstante\ [J/K] \\
&T := Temperatur\ [K] \\
&R_{Th} := Innenwiderstand\ des\ Thermoelements\ [\Omega] \\
&\Delta f := Meßbandbreite\ [Hz]
\end{aligned} \tag{1.43}$$

Somit ergibt sich die spezifische Detektivität zu

$$D^* = \underbrace{S_0\sqrt{\frac{A_s}{4kTR_{Th}}}}_{D_0^*}\frac{1}{\sqrt{1+\omega^2\tau_{th}^2}} \tag{1.44}$$

für sinusförmig modulierten Strahlungsfluß /27/.

Um höhere Detektivitäten zu erzielen, werden häufig mehrere Thermoelemente elektrisch in Serie, thermisch jedoch parallel geschaltet. Somit ergibt sich eine höhere Thermospannung und folglich eine höhere Detektivität.

Bild 1.9 zeigt eine in Silizium gefertigte Thermosäule. Die dünne Siliziumnitridmembran dient als thermisch gut isolierender Träger, das Bulkmaterial ist die Wärmesenke. Entsprechend befinden sich die 'hot junctions' auf der Membran und die 'cold junctions' der Thermosäule auf dem Bulkmaterial.

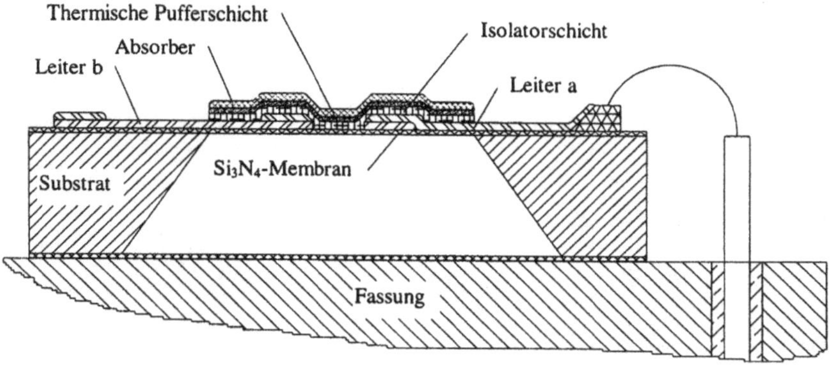

Bild 1.9: Schnitt durch eine in Silizium integrierte Thermosäule /23/

1.2.2. Metallfilm-Bolometer

Bei Metallfilm-Bolometern wird die Temperaturabhängigkeit des elektrischen Widerstands zur thermisch-elektrischen Wandlung ausgenutzt. Die Erhöhung des elektrischen Widerstands mit der Temperatur ist physikalisch mit einer erhöhten Gitterstreuung zu erklären.

Wird in den Bolometerwiderstand R_B mit dem Temperaturkoeffizienten

$$\alpha_B = \frac{1}{R_B}\frac{dR_B}{dT} \tag{1.45}$$

$a_B :=$ *Temperaturkoeffizient [1/K]*
$R_B :=$ *Innenwiderstand des Bolometers [Ω]*

ein Strom I_B eingespeist, gilt für die Signalspannung U_s über dem Widerstand R_B:

$$U_s = I_B * R_B * \alpha_B * \Delta T \tag{1.46}$$

Für die Empfindlichkeit folgt dann bei konstantem Strahlungsfluß ϕ_s im eingeschwungenen Zustand

$$S = S_0 = \alpha_s I_B R_B \alpha_B R_{th} \tag{1.47}$$

bzw.

$$S = S_0 \frac{1}{\sqrt{1+\omega^2 \tau_{th}^2}} \tag{1.48}$$

für sinusförmig modulierten Strahlungsfluß.

Auch bei den Bolometern ist meist das thermische Rauschen des Bolometerwiderstands R_B die dominante Rauschquelle:

$$\tilde{u}_{Rn} = \sqrt{4kTR_B \Delta f} \tag{1.49}$$

Die spezifische Detektivität ergibt sich dann zu

$$D^* = \underbrace{S_0 \sqrt{\frac{A_s}{4kTR_B}}}_{D_0^*} \frac{1}{\sqrt{1+\omega^2 \tau_{th}^2}} \tag{1.50}$$

für sinusförmig modulierten Strahlungsfluß /27/.

Bild 1.10 zeigt eine mit Methoden der Silizium-Mikromechanik hergestellte Bolometerstruktur. Auch hier dient die Siliziumnitridmembran sowohl als mechanischer Träger als auch als thermischer Isolator. Man erkennt den deutlich einfacheren Schichtaufbau im Vergleich zu der integrierten Thermosäule.

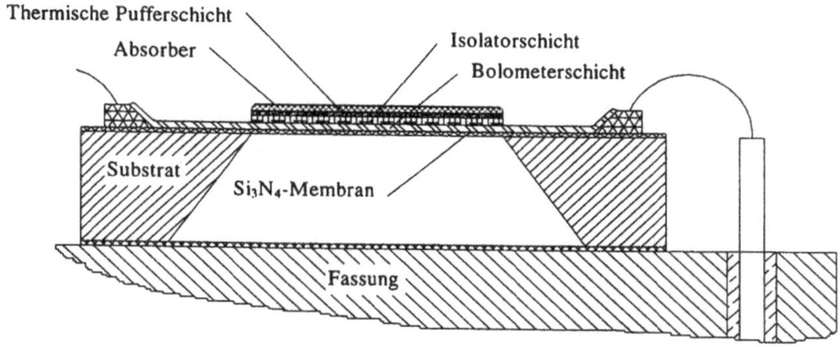

Bild 1.10: Schnitt durch ein Silizium-Infrarot-Bolometer /23/

Kapitel 2

2. Systemvorschlag

Im vorhergehenden Kapitel wurden die verschiedenen Komponenten des Infrarot-Sensors in ihren Eigenschaften ausführlich beschrieben. In diesem Kapitel wird der prinzipielle Aufbau einer solchen Anordnung besprochen, wie sie mit Methoden der Silizium-Mikromechanik herstellbar ist. Dabei werden prinzipbedingte Probleme und deren Lösungsmöglichkeiten ebenso angesprochen wie verschiedene Realisierungsvarianten.

2.1. Vorschlag einer Struktur

Wie im vorhergehenden Kapitel gezeigt, ist für ein durchstimmbares Fabry-Perot-Filter mindestens ein beweglicher Spiegel notwendig. Für die Realisierung eines thermischen Strahlungsempfängers ist eine dünne, thermisch gut isolierende Membran geringer Masse nötig, um den erforderlichen großen thermischen Widerstand R_{th} zu erhalten. Gelingt es, die Membran derart zu gestalten, daß sie einerseits dünn genug ist, die thermischen Verhältnisse für einen Infrarot-Strahlungsempfänger zu erfüllen, andererseits aber auch stabil genug, um sie um mehrere Mikrometer auslenken zu können, so ist eine Integration von Detektor und Filter in einem Bauelement vorstellbar. Bild 2.1 zeigt die prinzipielle Struktur, die nötig ist, um einen derartigen durchstimmbaren Infrarot-Sensor zu bauen.

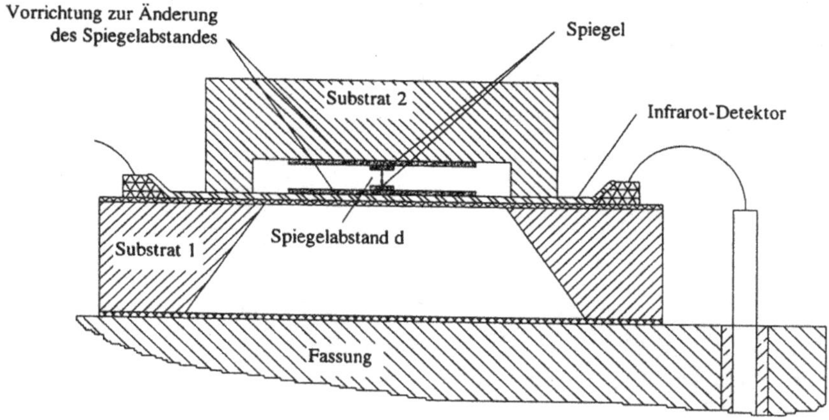

Bild 2.1: Prinzipieller Aufbau eines integrierten Infrarot-Sensors

Der Sensor muß aus zwei Teilen zusammengesetzt werden:
Einer Membranscheibe, die den ersten Spiegel trägt, und einem Gegenstück, das den zweiten Spiegel aufnimmt und dabei durch eine geätzte Mulde oder durch eine entsprechende Distance-Schicht einen gewissen Spiegelabstand einstellt. Die Membran trägt gleichzeitig den Infrarot-Detektor.

2.2. Realisierungvarianten

Um die Membran auszulenken, kann man sich eine Reihe verschiedener Mechanismen vorstellen. Eine Auswahl ist hier wiedergegeben:

- Integrierte Elektromagnete bilden ein H-Feld aus, so daß die Membran in Richtung der Mulde angezogen wird.

- Integrierte Plattenkapazitäten ziehen bei Anlegen einer Spannung die Membran zur Mulde hin.

- Eine Bimetallstruktur krümmt die Membran bei Beheizung in Richtung Mulde.

Wichtig für die Funktion eines Fabry-Perot-Interferometers ist die exakte Parallelität der Spiegel zueinander. Dies kann durch Aufbringen mehrerer Abstandsänderungsvorrichtungen erfolgen. Kann man den Abstand an verschiedenen Stellen messen, so ist eine Regelung vorstellbar, die das Spiegelpaar planparallel hält.

Für diese Arbeit fiel die Wahl auf vier integrierte Plattenkapazitäten, da dies technologisch am leichtesten mit den Methoden der Mikromechanik zu vereinbaren ist. Weiter kann mit Plattenkapazitäten sowohl durch Anlegen einer Spannung die nötige Kraft zur Auslenkung der Membran erzeugt, als auch durch Messung der Kapazitäten der Plattenabstand ermittelt werden. Die Kapazitätsmessung ist eine gut beherrbare Meßaufgabe.

Die Membran muß einerseits dick genug sein, die mechanische Belastung auszuhalten, andererseits sind für eine hohe Detektivität des Infrarotstrahlungsempfängers eine kleine thermische Masse und eine gute thermische Isolierung nötig. Hier sind Kompromisse erforderlich.

Der hohe Brechungsindexsprung von Luft zu Silizium bedarf der Aufbringung von Antireflexschichten, da sonst die Reflektionsverluste an der Grenzfläche Silizium-Luft zu hoch sind.

Bei einer solchen Anordnung kann der breitbandig wirkende Infrarot-Absorber nicht auf der Membranoberseite angeordnet werden, da er sich sonst im optischen Resonator des Fabry-Perot-Interferometers befinden würde. Somit bleibt nur ein Aufbringen auf der Rückseite der Membran. Dies erspart zwar das Einbringen von thermischen Pufferschichten, kann aber erst nach der Membranstrukturierung erfolgen. Dies ist ein technologisch kritischer Prozeßschritt.

Eine derartige Anordnung läßt die Verwendung verschiedener Infrarot-Detektoren zu. Im folgenden Kapitel werden zwei verschiedene Infrarot-Detektoren auf ihre Tauglichkeit in diesem Sensor untersucht.

Kapitel 3

3. Beschreibung verschiedener Sensor-Strukturen

Die im vorigen Kapitel vorgestellte Sensorstruktur erlaubt viele Variationen in Bezug auf die verwendeten Materialien und den integrierten Detektor. In diesem Kapitel werden verschiedene Sensor-Strukturen auf ihre Tauglichkeit hinsichtlich der Herstellungsmöglichkeiten und der zu erwartenden Daten untersucht. Diese Überlegungen bilden die Grundlage für die Auswahl einer Struktur, die im nächsten Kapitel getroffen wird.

3.1. Mögliche Materialien und deren Anwendbarkeit

Das zentrale Element des Infrarot-Sensors ist die dünne Membran. Sie übernimmt diverse Aufgaben mit verschiedensten Anforderungen:

Biegbare Aufhängung für den beweglichen Interferometerspiegel
(mechanische Anforderung)

Thermisch gut isolierende Aufhängung geringer Masse für den Infrarot-Detektor
(thermische Anforderung)

Strukturierbarkeit mit zur Silizium-Technologie kompatiblen Prozeßschritten
(technologische Anforderung)

Absorption der transmittierten Strahlung
(optische Anforderung)

Die anderen Elemente wie Antireflexschichten, Silizium-Mulde, Spiegel oder Absorberschichten erfüllen jeweils nur eine Aufgabe und können somit separat entworfen werden. Die entsprechende Dimensionierung wird im Kapitel 5 erörtert.

3.1.1. Technologische Eignung

Die technologischen Anforderungen schränken die Zahl der einsetzbaren Materialien stark ein. Dünne Folien, zum Beispiel aus Teflon, scheiden aus, weil sie nicht an die herkömmlichen Schritte der Silizium-Technologie adaptierbar sind. Dies ist aber eine Grundvoraussetzung, um überhaupt einen Sensor mit Marktchancen herstellen zu können. Deshalb bleiben als Membranmaterial nur Silizium selbst, Siliziumdioxid und Siliziumnitrid oder aber eine Mischung aus diesen drei Stoffen übrig, da diese Materialien in jedem Standard-CMOS-Prozeß zur Verfügung stehen.

Silizium:

Silizium ist als Ausgangsmaterial nicht ohne weitere Schritte als Membran zu strukturieren. Vielmehr muß ein Ätzstop in das Silizium eingebracht werden. Dies kann entweder durch eine hoch mit Bor dotierte Schicht erfolgen oder aber mit einem elektrochemischen Ätzstop, der an der Raumladungszone einer integrierten Diode einsetzt. Beide Verfahren gestatten die Herstellung von Membranen unterschiedlicher Dicke und großer lateraler Ausdehnung.

Siliziumdioxid:

Siliziumdioxid kann problemlos durch einen thermischen Oxidationsprozeß auf Silizium gewachsen werden. Die Ätzrate von Siliziumdioxid ist für viele Ätzlösungen wesentlich geringer als die für Silizium, weshalb man ohne weitere Ätzstoptechniken Siliziumdioxidmembranen strukturieren kann. /1/

Siliziumnitrid:

Die Selektivität der gebräuchlichen Ätzlösungen in Bezug auf Siliziumnitrid ist noch wesentlich höher als die von Siliziumdioxid, weshalb die Herstellung von Siliziumnitrid-Membranen sich technologisch noch einfacher gestaltet. /1/

3.1.2. Mechanische Eignung

Die benötigten Membranen müssen einerseits dünn genug sein, um sie mit kleinen Kräften auslenken zu können. Andererseits muß die laterale Ausdehnung groß genug sein, um Plattenkapazitäten integrieren zu können, deren Kapazitätswert meßtechnisch gut zu erfassen ist, und die wesentlich größer sind als unvermeidbare parasitäre Kapazitäten. Es ergibt sich also für die Membran ein großes Flächen/Dicken-Verhältnis. Weiterhin muß die Membran in sämtlichen möglichen Betriebszuständen unter Zugspannung stehen, da bei geringsten Schubspannungen die Membrane sofort platzt /6/. Die mechanische Festigkeit muß groß genug sein, um den Detektor zu tragen und um eine Auslenkung um mehrere Mikrometer auszuhalten.

Silizium:

Siliziummembranen mit einem hoch dotierten Bor-Epilayer können durch Zugabe von Germanium unter Beibehaltung des wirksamen Ätzstops in sehr weiten Bereichen zwischen Schub- und Zugspannung eingestellt werden.
Siliziummembranen, die mit einem elektrochemischen Ätzstop realisiert wurden, sind völlig spannungsfrei, was in der Praxis bedeutet, sehr schlaff.
Am Lehrstuhl wurden Membranen mit einem Flächen/Dicken-Verhältnis von mehr als 50000 mm mit beiden Verfahren hergestellt.
Die Zugfestigkeit wird für Silizium in der Literatur /52/ mit $7*10^9$ N/m² angegeben.

Siliziumdioxid:

Membranen, die aus reinem thermisch gewachsenen Siliziumdioxid bestehen, sind meist nur von kurzer Lebensdauer, da sie unter starker Schubspannung stehen. Dies resultiert aus der Tatsache, daß der thermische Ausdehnungskoeffizient von Siliziumdioxid ($\alpha \approx 0.3*10^{-6}$ 1/K) kleiner ist als der von Silizium ($\alpha \approx 2.33*10^{-6}$ 1/K). Bei der thermischen Oxidation bedarf es circa 1000°C Prozeßtemperatur, um die nötigen Schichtdicken in akzeptabler Prozeßzeit herstellen zu können /52/. Beim Abkühlen zieht sich der Siliziumbulk stärker zusammen, als die darauf entstandene Siliziumdioxidschicht. Bei diesem Abkühlvorgang werden in die Siliziumdioxidschichten Schubspannungen induziert. Folglich zerplatzen die Membranen bei kleinsten Erschütterungen. Somit sind reine Siliziumdioxidmembranen nicht brauchbar.

Siliziumnitrid:

Siliziumnitridmembranen stehen im Gegensatz zu Siliziumdioxidmembranen unter Zugspannung, da der thermische Ausdehnungskoeffizient von Siliziumnitrid ($\alpha \approx 2.8*10^{-6}$ 1/K) größer ist als der von Silizium. Allerdings kann diese in geringen Grenzen variiert werden durch Variation der Prozeßparameter während des

Abscheidvorgangs im LPCVD (Low Pressure Chemical Vapor Deposition)-Reaktor. Siliziumnitridmembranen wurden bis zu einer Fläche von 4 mm² strukturiert, was bei einer Dicke von ca. 150 nm ein Flächen/Dicken-Verhältnis von ca. 26500 mm entspricht. Siliziumnitrid hat eine Zugfestigkeit von $84 * 10^9$ N/m² /52/

Siliziumdioxid/Siliziumnitrid-Multilayer-Schicht:

Man kann durch geeignete Prozeßführung in einem LPCVD-Reaktor wechselweise Siliziumnitrid und Siliziumdioxid abscheiden /46/. Somit kann man durch Variation der Schichtdicken der Einzelschichten eine Gesamtschicht mit einstellbarer Spannung herstellen. Diese weist die gleichen Ätzstop-Eigenschaften auf, wie die Einzelschichten. Dieses Verfahren konnte leider während der Laufzeit dieser Promotion am Lehrstuhl nicht durchgeführt werden, da die für die Anscheidung solcher Schichten angeschaffte LPCVD-Anlage nicht rechtzeitig in Betrieb genommen werden konnte.

3.1.3. Thermische Eignung

Die Membran muß als Träger für den Detektor dienen. Um möglichst hohe Detektivitäten zu erreichen, muß - wie im Kapitel 1 gezeigt wurde - die thermische Kapazität minimiert werden. Der Erhöhung des thermischen Widerstandes steht eine höhere thermische Zeitkonstante entgegen, das System wird langsamer. Folglich muß die Reduktion der thermischen Kapazität im Vordergrund stehen. Es wird also eine Membran angestrebt, die möglichst geringe Masse hat, ergo kleine Fläche und kleine Dicke, und deren Material eine niedrige spezifische Wärmekapazität aufweist.

Silizium:

Die Wärmekapazität von monokristallinem Silizium ist mit einem Wert von 700 Ws/kgK /65/ geringfügig höher als die von polykristallinem, welches einen Wert von 650 Ws/kgK aufweist /66/.

Die Wärmeleitfähigkeit wird bei /25/ für monokristallines Silizium mit 157 W/Km angegeben, bei Polysilizium reduziert sich dieser Wert auf 0.23 W/Km.

Siliziumnitrid:

Im Vergleich zu Silizium ist die Wärmekapazität von Siliziumnitrid um etwa 8% höher, die Wärmeleitfähigkeit dafür jedoch um den Faktor 8.3 kleiner. Somit ist es möglich, mit

Siliziumnitridmembranen eine um ungefähr den Faktor 7.5 empfindlichere Anordnung bei ansonsten gleichen geometrischen Abmessungen zu erreichen. Die Erhöhung der Empfindlichkeit resultiert allerdings aus der niedrigen thermischen Leitfähigkeit, geht somit auf Kosten der Ansprechgeschwindigkeit (Faktor 1,08).

Siliziumdioxid/Siliziumnitrid-Multilayer-Schicht:

Da Siliziumdioxid die gleiche spezifische Wärmekapazität wie Siliziumnitrid aufweist /25 /, ist auch die spezifische Wärmekapazität einer Mischschicht gleich der von Siliziumnitrid. Allerdings ist die Wärmeleitfähigkeit mit einem Wert von 1.4 W/Km nochmals mehr als eine Zehnerpotenz kleiner, als die von Siliziumnitrid. Somit ist diese Mischschicht nochmals empfindlicher, bei ansonsten gleichen Abmessungen. Eine genauere Angabe der Wärmeleitfähigkeit ist nicht möglich, da diese sehr stark von der Schichtzusammensetzung abhängt. Allgemein kann man nur sagen, daß sie kleiner als die Wärmeleitfähigkeit von Siliziumnitrid und größer als die von Siliziumdioxid ist.

3.1.4. Optische Eignung

Da das Funktionsprinzip aller thermischen Strahlungsempfänger ein zweistufiger Prozeß ist, muß die einfallende Infrarot-Strahlung zuerst absorbiert werden, bevor dies zu einer meßbaren Temperaturerhöhung führt. Um möglichst hohe Detektivitäten und Ansprechgeschwindigkeiten zu erreichen, ist eine kleine thermische Masse anzustreben. Deshalb ist es sehr vorteilhaft, wenn die Trägermembran bereits als guter Absorber dienen kann, da sich dann auf eine zusätzliche Absorberschicht ganz verzichten läßt bzw. deren Dicke und somit Volumen und Masse entsprechend reduziert werden können.

Silizium:

Bei Silizium muß nach den verschiedenen Ätzstopmechanismen unterschieden werden, da die optische Absorption sehr stark von der Anzahl der freien Ladungsträger im Halbleiter und somit der Dotierung abhängt.

Silizium mit hochdotiertem Bor-Epilayer:

Um einen wirksamen Ätzstop zu erzielen, ist eine Mindestdotierung mit Bor von $N_A = 1*10^{20}$ 1/cm³ nötig. Der Abstand eines Boratoms vom Valenzband beträgt lediglich 45 meV. Somit kann bei Zimmertemperatur von einer Anzahl freier Ladungsträger in der

Größenordnung der Dotierung ausgegangen werden. Die Leitfähigkeit der Membrane ist somit 0.13 mΩcm. Die Absorption durch freie Ladungsträger ist in /75/ für p-dotiertes Silizium bis zu einer Leitfähigkeit von 14 mΩcm angegeben. Im Bereich von λ = 1-8 µm ist deren Wert höher als 90 1/cm. Extrapoliert man die gegebenen Werte bis zu 0,13 mΩcm, so ergeben sich freie Ladungsträgerabsorptionswerte von ca. $\alpha_{fc} = 1{,}7 * 10^3$ 1/cm. Eine solche Schicht absorbiert Infrarot-Strahlung im interessierenden Spektralbereich also sehr gut.

Silizium mit elektro-chemischem Ätzstop:

Da hier an der Raumladungszone eines pn-Überganges der Ätzstop einsetzt, kann dessen absolute Dotierung weit niedriger als die bei einem Ätzstop an einem Bor-Epilayer gewählt werden. Entsprechend klein ist somit auch die Absorption im infraroten Spektralbereich. Erhöht man diese Dotierung, gibt man den Vorteil der Integrationsmöglichkeit aktiver Bauelemente auf. Dann aber ist der Ätzstop am Bor-Epilayer effizienter, da dieser zusätzlich die Möglichkeit bietet, die Membranspannung einzustellen.

Siliziumnitrid:

Siliziumnitrid absorbiert im Spektralbereich von 2-8 µm mit einem Absorptionskoeffizienten von etwa $\alpha_{Si3N4} = 2{,}7 * 10^3 - 4{,}1 * 10^2$ 1/cm. Die Absorption wird hier nicht wie bei hoch dotierten Schichten von den freien Ladungsträgern verursacht, vielmehr sind hier Molekülschwingungen für die Absorption verantwortlich. Daher ist die Absorption von Siliziumnitridschichten wesentlich stärker von der Wellenlänge abhängig.

Siliziumdioxid/Siliziumnitrid-Multilayer-Schichten:

Da Siliziumdioxid ab einer Wellenlänge von λ = 4 µm alle Spektralanteile nahezu vollständig absorbiert, ist für die Mischstruktur ein besseres, mindestens aber gleich gutes Absorptionsverhalten wie für Siliziumnitrid zu erwarten.

Obige Überlegungen zeigen, daß man nur mit einer Siliziummembran, die durch elektrochemischen Ätzstop hergestellt wurde, ein Transmissionsfilter in Silizium-Mikromechanik realisieren kann. Als Membran für einen integrierten Infrarot-Sensor, beim dem die Membran gleichzeitig als Absorber dienen soll, kommen nur hochdotierte Siliziumschichten, Siliziumnitridschichten oder Siliziumdioxid/Siliziumnitrid-Wechselschichten in Frage.

3.2. Infrarot-Strahlungsdetektor

Die Leistungsfähigkeit des zu integrierenden Strahlungsempfängers ist für die minimale Nachweisgrenze von entscheidender Bedeutung. Hierbei spielen aber nicht nur die Empfindlichkeit des Detektors eine Rolle, ebenso muß dieser in den Infrarotfilter integrierbar sein, also herzustellen mit den Methoden der Silizium-Technologie. Da die Detektoren auf jeden Fall ungekühl arbeiten müssen, sind für diesen Zweck nur thermische Strahlungs-detektoren, nicht jedoch Quantendetektoren, geeignet.

Im folgenden Abschnitt wird für den Strahlungsdetektor ein thermisches Modell aufgestellt, das die einzelnen Verlustmechanismen vom Detektorprinzip unabhängig beschreibt. Bei Zufuhr von optischer und elektrischer Leistung stellt sich die Temperatur der Detektorfläche entsprechend der Leistungsbilanzgleichung

$$P_{opt} + P_{el} = P_M + P_Z + P_K + P_R \qquad (3.1)$$

dergestalt ein, daß zugeführte und abgeführte Leistung sich im Gleichgewicht halten. Dabei seien:

P_{opt}: zugeführte optische Leistung

P_{el}: zugeführte/abgeführte elektrische Leistung

P_M: durch die Wärmeleitung der Membran abgeführte Leistung

P_Z: durch die Wärmeleitung der Zuleitungen abgeführte Leistung

P_K: durch Konvektion abgeführte Leistung

P_R: durch Strahlung abgeführte Leistung

Bild 3.1 zeigt schematisch die Membranscheibe von oben:

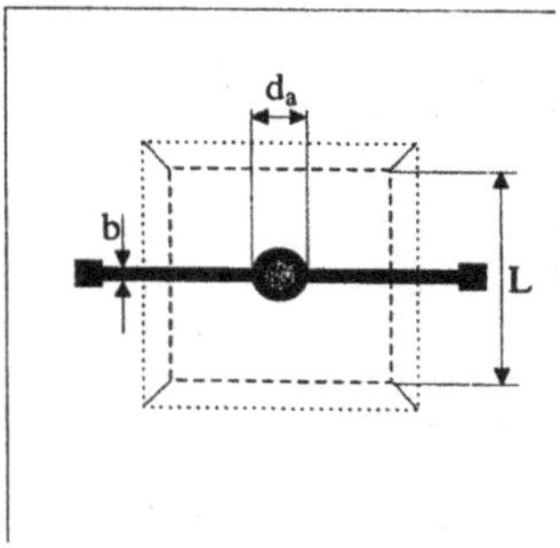

Bild 3.1: Schematische Darstellung der Membranscheibe von oben

Es sind dargestellt der Durchmesser der aktiven Fläche (d_a), die Länge der Membrankante (L) und die Breite der Zuleitungen (b). Daraus kann man ein thermisches Ersatzschaltbild ableiten, das in Bild 3.2 dargestellt ist.

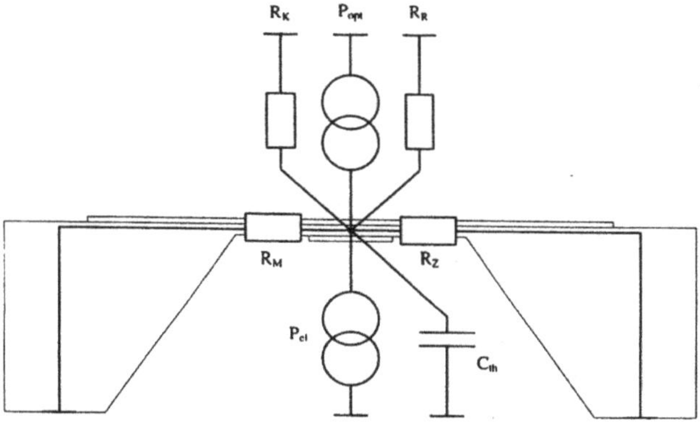

Bild 3.2: Schematische Darstellung der Membranscheibe im Schnitt mit den auftretenden thermischen Größen des Ersatzschaltbilds

Faßt man die einzelnen Widerstände in einem einzigen R_{th} zusammen, so kann man das Ersatzschaltbild des Sensors zu einem RC-Glied vereinfachen, so wie es in Bild 3.3 dargestellt ist:

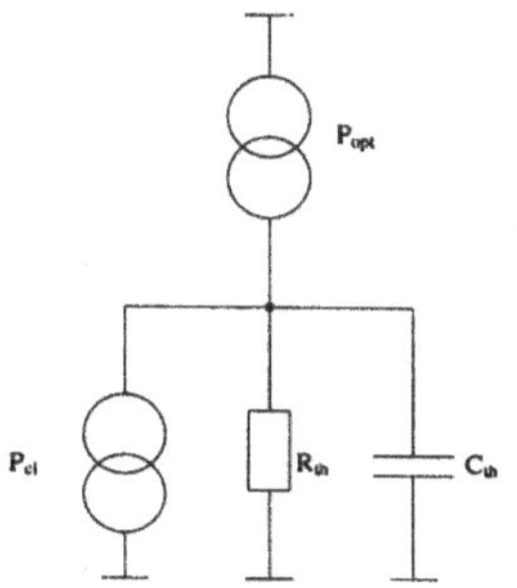

Bild 3.3: Thermisches Ersatzschaltbild der Membranscheibe mit einem thermischen Gesamtwiderstand R_{th}

Dabei setzt sich der thermische Gesamtwiderstand aus Bild 3.3 zusammen aus der Parallelschaltung der Wärmeleitwiderstände R_M der Membran und R_Z der Zuleitung, des Wärmeübergangswiderstands R_K von der Membranoberfläche zur Umgebung und dem Strahlungswiderstand R_R./58/

$$\frac{1}{R_{th}} = \frac{1}{R_M} + \frac{1}{R_Z} + \frac{1}{R_K} + \frac{1}{R_R} \tag{3.2}$$

C_{th} steht für die thermische Kapazität der Gesamtanordnung. Die diesem Modell zugrunde liegenden Analogien zwischen der thermischen und der elektrischen Beschreibung sind:

el. Strom	I [A]	therm. Leistung	ϕ [W]
el. Spannung	U [V]	Temperaturdifferenz	ΔT [K]
el. Widerstand	R [Ω]	therm. Widerstand	R_{th} [K/W]
el. Kapazität	C [F]	therm. Kapazität	C_{th} [Ws/K]
$I = C * \frac{dU}{dt}$		$\phi = C_{th} * \frac{d\,\Delta T}{dt}$	

Im Folgenden wird für die einzelnen Widerstände und für die Wärmekapazität ein Ausdruck zu deren annäherungsweisen Berechnung abgeleitet.

Leitungsverluste über die Membran und die Zuleitungen :

Der aktive Teil des Detektors wird von der dünnen Membran getragen. Aufgrund ihrer geringen Dicke und der relativ schlechten Wärmeleitfähigkeit des Membranmaterials stellt diese den nötigen hohen thermischen Widerstand des aktiven Bereichs zum Substrat dar. Allgemein kann der Wärmeleitwiderstand einer Leitung $R_{th,L}$ geschrieben werden als

$$R_{th,L} = \frac{l}{\lambda_{th} * A}$$

$$\begin{aligned} l &:= Länge\,[m] \\ A &:= Querschnittsfläche\,[m^2] \\ \lambda_{th} &:= Wärmeleitfähigkeit\,[W/mK] \end{aligned} \quad (3.3)$$

Unter Berücksichtigung der Geometrie der eckigen Membran und der runden Detektorfläche, läßt sich angenähert für den Wärmeleitwiderstand der Membran R_M schreiben:

$$R_M = \frac{\ln\left(\frac{d_M}{d_a}\right)}{2 * \pi * \lambda_{th,M} * d}$$

$$\begin{aligned} d_a &:= Detektordurchmesser\,[m] \\ d_M &:= equivalenter\ Durchmesser\ der\ Membran\,[m] \\ d &:= Dicke\ der\ Membran\,[m] \end{aligned} \quad (3.4)$$

Der äquivalente Durchmesser der Membran läßt sich aus dem geometrischen Mittel von Membrankantenlänge zu Membrandiagonale bestimmen:

$$d_M = \frac{1+\sqrt{2}}{2} * L \quad (3.5)$$

Da die Membrancharakteristika unabhängig davon sich, welche Detektorvariante sich darauf befindet, ergibt R_M für beide Detektortypen denselben Wert.

Die Verluste durch die Wärmeabfuhr über eine Zuleitung werden berücksichtigt durch den Wärmeleitwiderstand R_Z:

$$R_Z = \frac{\frac{L - d_a}{2}}{\lambda_m * d_m * b}$$

$$\lambda_m := \textit{Wärmeleitfähigkeit der Metallisierung}\,[W / Km] \qquad (3.6)$$
$$d_m := \textit{Dicke der Metallisierung}\,[m]$$
$$b := \textit{Breite der Metallisierung}\,[m]$$

Konvektionsverluste:

Die Wärmeabgabe der Membran an die umgebende Luft wird durch die freie Konvektion sowie durch die spezifische Wärmekapazität von Luft bestimmt. Der Konvektionswiderstand des aktiven Bereichs an die umgebende Luft wird beschrieben durch

$$R_K = \frac{1}{\alpha * A_s}$$

$$\alpha := \textit{Wärmeübergangskoeffizient}\,[W / Km^2] \qquad (3.7)$$
$$A_s := \textit{Fläche des aktiven Bereichs}\,[m^2]$$

Für freie Konvektion sind in der Literatur für α Werte von 3 bis 20 W/Km² für den Wärmeübergang auf Luft an glatten Flächen angegeben /34/, /41/.

Strahlungsverluste:

Die Strahlungsverluste des aktiven Bereichs mit der Oberfläche A_S an die Umgebung werden durch das Stefan-Bolzmannsche Strahlungsgesetz beschrieben.

$$P_R = A_S * \varepsilon * \sigma_s * \left(T_S^4 - T_U^4\right)$$

$$\varepsilon := \textit{gemittelter Emissionskoeffizient}\,[\,]$$
$$A_S := \textit{aktive Detektorfläche}\,[m^2] \qquad (3.8)$$
$$\sigma_s := \textit{Stefan - Bolzmann - Konstante}\,[W / m^2 K^4]$$
$$T_S := \textit{Temperatur der aktiven Detektorfläche}\,[K]$$
$$T_U := \textit{Umgebungstemperatur}\,[K]$$

Der Verlustwiderstand durch Strahlung R_R ergibt sich zu

$$R_R = \frac{\Delta T}{P_R} = \frac{T_S - T_U}{P_R} = \frac{1}{A_S * \varepsilon * \sigma_s} \frac{T_S - T_U}{T_S^4 - T_U^4}$$

$$\Delta T := Temperaturdifferenz\,[K] \qquad (3.9)$$

Thermische Kapazität:

Substrat und Sockel sollen sich während des Betriebs nicht durch die eingestrahlte optische Leistung erwärmen. Dafür sorgen die gute thermische Isolation der Membran und die gute Ankopplung des Substrats an die Umgebung. Weiter ist die Masse des Substrats und des Sockels um einige Zehnerpotenzen größer als die der Membran. Aufgrund der zu erwartenden geringen eingestrahlten Leistungen im Bereich einiger µW wird die Substrat- und Sockeltemperatur als konstant (= Zimmertemperatur) angenommen. Daher kann deren thermische Kapazität vernachlässigt werden. Die thermische Kapazität C_{th} wird also ausschließlich durch den aktiven Bereich des Detektors (entspricht der Membranfläche) bestimmt und ergibt sich zu

$$C_{th} = c * m = c * \rho * V = C_V * V$$

$$\begin{aligned} &c := spezifische\ Wärmekapazität\ [J / kgK] \\ &m := Masse\ [kg] \\ &\rho := Dichte\ [kg / m^3] \\ &V := Volumen\ [m^3] \\ &C_V := volumenbezogene\ Wärmekapazität\ [J / m^3 K] \end{aligned} \qquad (3.10)$$

Die entsprechenden Verlustleistungen ergeben sich zu

$$P_M = \frac{1}{R_M} * \Delta T$$
$$P_Z = \frac{1}{R_Z} * \Delta T$$
$$P_K = \frac{1}{R_K} * \Delta T \qquad (3.11)$$
$$P_R = \frac{1}{R_R} * \Delta T$$

$\Delta T := Temperaturdifferenz\,[K]$

Die Leistung P_{el} dient der Beschreibung der durch die Messung zugeführten bzw. abgeführten Leistung. Darauf wird bei der Beschreibung der Detektoren näher eingegangen.

Hiermit sind die notwendigen Grundlagen zur thermischen Beschreibung der Membran gelegt worden, um im nächsten Kapitel für verschiedene Detektorvarianten eine Abschätzung über deren zu erwartende Detektivität machen und somit die geeignetste Struktur auswählen zu können. Im Folgenden werden die Beiträge, die eine Thermosäule bzw. ein Metallfilm-Bolometer als möglicher Detekor zu den thermischen Widerständen und Kapazitäten leisten, näher betrachtet.

3.2.1. Thermosäule als Infrarot-Detektor

Um mit einer Thermosäule hohe Detektivitäten zu erzielen, ist es notwendig, Elemente der Thermoelementäste zu finden, die möglichst stark verschiedene Austrittsarbeiten haben. Besonders geeignet sind hierfür Halbleiter. Silizium hat, bezogen auf Platin, bei p-Dotierung ($N_A = 10^{18}$ 1/cm³) und Zimmertemperatur Thermoelementspannungen von ca. 1 mV/K. Dieser Wert steigt für niedrige Dotierungen ($N_A = 10^{15}$ 1/cm³) auf Werte von bis zu ca. 1,5 mV/K /62/. Da eine Integration eines Thermoelementschenkels in die Siliziummembran durch entsprechende Dotierung aufgrund des Bor-Epilayers nicht möglich ist, kann hier nur Polysilizium, das auf die Membran aufgebracht wird, in Frage kommen. Weiterhin bedeutet dies, daß beide Thermoelementschenkel in die thermodynamische Bilanz als zusätzliche thermische Ableitwiderstände eingehen. Für den zweiten Thermoelementast wird in der Regel ein Standardmaterial der Silizium-Technologie verwendet, nämlich Aluminium. Ein Polysilizium-Aluminium-Übergang liefert bei Zimmertemperatur, da die Thermokraft von

Aluminium im Vergleich zu Silizium vernachlässigt werden kann, eine Thermospannung von circa. 1 mV/K. Die Thermospannungen von polykristallinem Silizium sind um mindestens den Faktor 4-10 kleiner im Vergleich mit monokristallinem Silizium. /15/

Der Innenwiderstand der Thermosäule soll möglichst niederohmig sein. Ist der Widerstand der Meßschaltung nicht wesentlich größer oder gar kleiner als der Innenwiderstand des Thermoelements, wird durch den äußeren Widerstand dem Thermoelement Leistung entzogen. Die Leistungsbilanz wird durch Abkühlung der „hot junction“ Materialkontaktstelle ausgeglichen. Dadurch wird die zu messende Temperaturerhöhung verringert, das Meßergebnis verfälscht. Dieser Effekt ist die Umkehrung des Seebeck-Effektes und nach J. Peltier (1785-1845) benannt.

Für den Betrieb der Thermosäule müssen die „hot junctions“ nahe dem Spiegel des Fabry-Perot-Interferometers sein, um eine möglichst gute thermische Ankopplung bei gleichzeitiger elektrischer und optischer Entkopplung zu erzielen. Eine Anordnung unterhalb des Spiegels scheidet aus, da ansonsten die Spiegelfläche wegen des Höhenprofils der Thermoelement-übergänge nicht mehr eine ebene homogene Schicht wäre. Deshalb wurden die Thermoelemente kreisförmig um den runden Spiegel (Durchmesser 1 mm) angeordnet. Eine Schwarzgoldschicht auf der Rückseite der Membran erhöht den Absorptionswirkungsgrad und sorgt für eine gleichmäßige thermische Ankopplung des Detektors an den Interferometer-spiegel.

Die im vorigen Abschnitt allgemein abgeleiteten Größen für das thermische Ersatzschaltbild werden im Folgenden für den Fall der Thermosäule als Detektor adaptiert:

Der thermische Widerstand der Membran R_M ist aufgrund derselben Membrandaten für alle Detektoren gleich, da die Membranabmessungen nicht von der Detektorgröße, sondern von den elektrischen Eigenschaften der Ansteuerelektroden abhängen, wie in Kapitel 5 gezeigt werden wird. Somit können in den thermischen Membranwiderstand auch die thermischen Eigenschaften der Auslenkeinheit eingerechnet werden.

Der thermische Widerstand der Zuleitungen R_Z hängt von der Wärmeleitfähigkeit der verwendeten Materialien, der Schichtdicke der Bahnen und der Anzahl der Thermoelement-paare ab. Zu den Zuleitungen werden hier auch die notwendigen Isolationsschichten sowohl zwischen der Membran und den Thermoelementen sowie zwischen den Thermoelementästen selbst gerechnet. Somit gilt für den thermischen Widerstand R_Z

$$\frac{1}{R_Z} = \frac{1}{R_{Bahnen,1}} + \frac{1}{R_{Bahnen,2}} + \frac{1}{R_{Isolation\,1}} + \frac{1}{R_{Isolation\,2}} \tag{3.12}$$

mit dem thermischen Widerstand für die Bahnen laut Gleichung 2.6:

$$R_{Bahnen,1/2} = \frac{L - d_a}{2 * k_{Th} * b} * \left(\frac{1}{\lambda_{m,1/2} * d_{m,1/2}} \right)$$

$$k_{Th} := \textit{Anzahl der Thermoelemente in der Thermosäule} \, [] \tag{3.13}$$

Hierbei ist vorausgesetzt, daß alle Bahnen gleiche Breite haben. Die Dicke der Leiterschicht der Thermoelementäste ist verschieden. Die übereinanderliegenden Bahnen werden elektrisch durch Isolationsoxid voneinander getrennt, dessen thermischer Widerstand sich ergibt zu:

$$R_{Isolation\,1} = \frac{\frac{L - d_a}{2}}{\lambda_{Isolation\,1} * d_{Isolation\,1} * 2 * k_{Th} * b} \tag{3.14}$$

Dies gilt unter der Annahme, daß die einzelnen Thermoelementäste übereinander liegen und die Thermoelemente jeweils eine Bahnbreite Abstand zueinander haben. Gleiche Überlegungen gelten auch für die Isolationsschicht 2, sie kann aber eine andere Schichtdicke und ein anderes Material aufweisen:

$$R_{Isolation\,2} = \frac{\frac{L - d_a}{2}}{\lambda_{Isolation\,2} * d_{Isolation\,2} * 2 * k_{Th} * b} \tag{3.15}$$

Der Widerstand, über den die Wärmeabgabe der Membran an das sie umgebende Medium erfolgt, wird durch Gleichung 2.7 beschrieben

$$R_K = \frac{4}{\alpha * d_a^2 * \pi} \tag{3.16}$$

und ist bei gleicher aktiver Fläche für die verschiedenen Detektoren gleich groß.

Erste Abschätzungen zeigten, daß die zu erwartende eingestrahlte Leistung im Bereich weniger zehn Mikrowatt liegt. Die somit zu erwartende Temperaturerhöhung liegt mit Sicherheit unter 1 K, so daß die Strahlungsverluste nach Gleichung 2.8 einen Maximalwert von /8/

$$P_R = 9{,}87 * 10^{-7}\,W$$

$$\varepsilon := 0.07 \text{ für Aluminium} \qquad (3.17)$$
$$d_a := 2\,mm$$

annehmen können. Sie sind gegenüber den anderen Verlusten zu vernachlässigen, da sich für den thermischen Widerstand ein Wert größer 1 MK/W ergibt

Die Wärmekapaztität der Anordnung setzt sich zusammen aus einem detektorunspezifischen Anteil und der Wärmekapazität der Thermosäule selbst. Der für verschiedene Detektoren gleiche Anteil besteht aus der Wärmekapazität der Membran inklusive Auslenkeinheit, der Kapazität des Spiegels und des Absorbers. Die Wärmekapazität der Thermosäule berechnet sich nach Gleichung 2.10 zu

$$C_{th,Th} = b * k_{Th} * \left[\left(c_{m.1} * \rho_{m.1} * d_{m.1} + c_{m,2} * \rho_{m.2} * d_{m.2} \right) + 2 * c_{Iso} * \rho_{Iso} * \left(d_{Iso,1} + d_{Iso,2} \right) \right] * \frac{L - d_a}{2} \qquad (3.18)$$

Im Bild 3.4 ist eine realisierbare Struktur dargestellt.

Laut Gleichung 1.41 und Gleichung 1.44 ergibt sich die Detektivität einer Thermosäule für gleichmäßigen Strahlungsfluß zu

$$D^* = \alpha_s * k_{Th} * \eta * R_{th} * \sqrt{\frac{A_s}{4kTk_{Th} R_{Th}}} \qquad (3.19)$$

Man erkennt, daß eine Erhöhung der Anzahl der Thermoelemente k_{Th} nur eine wurzelförmige Erhöhung der Detektivität bewirkt, da der Innenwiderstand der Thermosäule ebenfalls mit mindestens (Kontaktwiderstände!) dem Faktor k_{Th} wächst. Effektiver ist die Erhöhung des thermischen Widerstands R_{th}. Allerdings bringt dies eine Verlangsamung des Sensors mit sich.

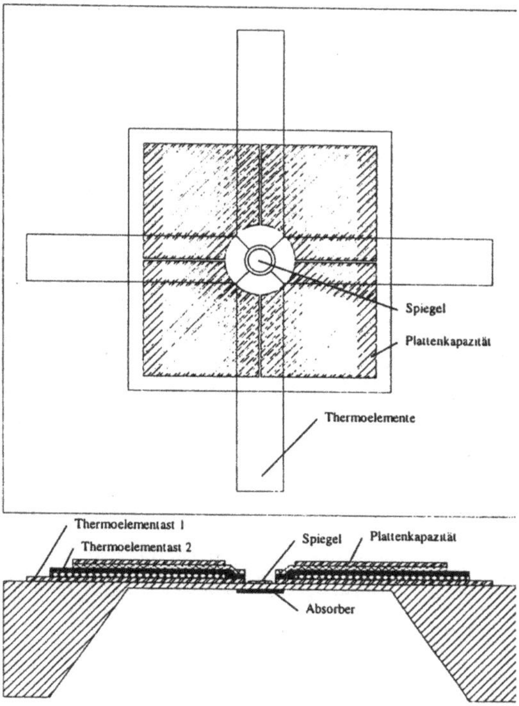

Bild 3.4: Querschnitt und Draufsicht des Infrarot-Sensors mit Thermosäule als Detektor

3.2.2. Metallfilm-Bolometer als Infrarot-Detektor

Hohe Detektivitäten erzielt man mit einem Metallfilm-Bolometer für Metalle, die eine starke Temperaturabhängigkeit ihres elektrischen Widerstands aufweisen. Weiter muß der Bolometerwiderstand hoch sein, ebenso der thermische Widerstand. Aufgrund seiner chemischen Inaktivität wird oft, so auch hier, Platin als Bolometer-Material gewählt. Ein weiterer Vorteil von Platin ist die große Linearität, die Temperaturabhängigkeit zweiter Ordnung ist sehr klein und kann in den meisten Fällen vernachlässigt werden. Laut

Literaturangaben /34/ besitzt es einen Temperaturkoeffizienten von $\alpha_B = 3{,}9*10^{-3}$ 1/K. Um hohe Widerstände zu realisieren, verwendet man dünne Bahnen, die mäanderförmig aufgebracht werden, um möglichst lange Widerstandsbahnen zu erhalten.

Ein hoher Innenwiderstand ist auch nötig, um die bei der Messung entstehende Verlustleistung

$$P_{el} = I_B^2 * R_B, \tag{3.20}$$

die die Membran beheizt, klein zu halten.

Auch hier muß der temperaturmessende Teil nahe an dem Interferometerspiegel sitzen, dennoch optisch und elektrisch isoliert von diesem sein. Um ausschließlich die Temperaturänderung am Spiegel zu erfassen und den Einfluß der Widerstandsanschlüsse zu eliminieren, muß die Widerstandsmessung in Vierleitertechnik ausgeführt werden /48/. Im Gegensatz zu einer Thermosäule, deren Thermospannung proportional der auftretenden Temperaturdifferenzen ist, mißt man mit einem Bolometer die Absoluttemperatur. Somit muß auf dem Substrat ein Referenzwiderstand mit gleichen thermischen Eigenschaften integriert sein, um Schwankungen der Umgebungstemperatur ausgleichen zu können. Will man vermeiden, daß die Membran durch den einzuprägenden Meßstrom aufgeheizt wird, muß der Innenwiderstand des Metallfilm-Bolometers hoch sein. Nur so können eine hohe Meßspannung und eine niedrige Heizleistung realisiert werden.

Die thermischen Widerstände eines Bolometers sind aufgrund der wenigen benötigten Zuleitungen und der geringeren Schichtenzahl leichter zu berechnen.

Thermischer Widerstand der Membran:
In den thermischen Widerstand der Membran sind auch hier die thermischen Eigenschaften der Auslenkeinheit mit eingerechnet. Er ist also identisch mit dem, der sich bei einer integrierten Thermosäule ergibt.

Thermischer Widerstand der Zuleitungen:
Wie bereits erwähnt, muß ein Vierleiter-Meßverfahren angewandt werden, um die parasitären Widerstände der Zuleitungen zum eigentlichen Detektorwiderstand zu eliminieren. Aus

Symmetriegründen werden hier sogar 8 Bahnen benötigt, da man ansonsten die Messung des Plattenabstands verfälscht.

$$R_Z = \frac{1}{8} * \left(\frac{\frac{L - d_a}{2}}{\lambda_m * d_m * b} \right) \tag{3.21}$$

Der thermische Widerstand an das umgebende Medium ist wiederum gleich dem bei der integrierten Thermosäule. Ebenso können auch hier die Strahlungsverluste vernachlässigt werden.

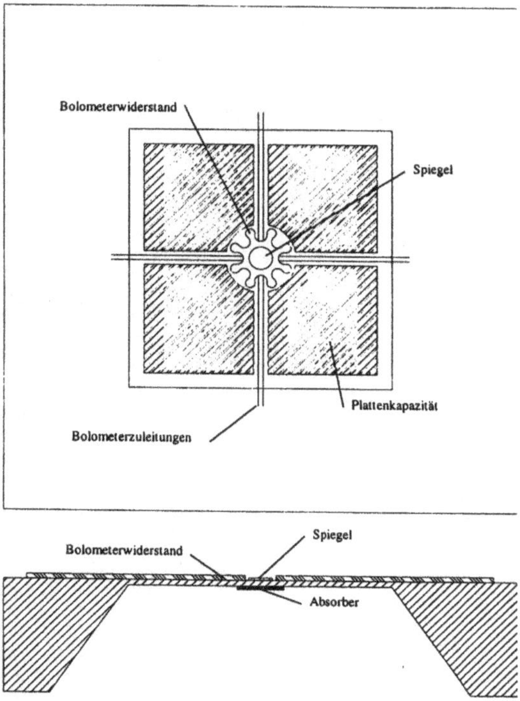

Bild 3.5: Querschnitt und Draufsicht des Infrarot-Sensors mit Bolometer als Detektor

Im Bild 3.5 ist eine realisierbare Struktur dargestellt.

Die thermische Kapazität des Metallfilm-Bolometers ist kleiner als die der Thermosäule:

$$C_{th,B} = b * c_m * \rho_m * d_m * \left(8 * \frac{L - d_a}{2} + L_B \right) \tag{3.22}$$

Laut Gleichung 1.47 und Gleichung 1.50 ergibt sich die Detektivität eines Bolometers für gleichmäßigen Strahlungsfluß zu

$$D^* = \alpha_s * I_B * R_B * \alpha_B * R_{th} * \sqrt{\frac{A_s}{4kTR_B}} \tag{3.23}$$

Man erkennt, daß auch hier eine Erhöhung des Bolometerwiderstands nur eine wurzelförmige Erhöhung der Detektivität hervorruft. Kann man einen langsamen Detektor in Kauf nehmen, so ist die Erhöhung des thermischen Widerstands R_{th} oberstes Optimierungsziel.

Kapitel 4

4. Auswahl der geeignetsten Struktur

Im vorherigen Kapitel wurden allgemein die thermischen Verhältnisse für einen Infrarot-Sensor mit integrierter Thermosäule als auch mit integriertem Dünnfilm-Bolometer betrachtet. In diesem Kapitel werden diese allgemeinen Beschreibungen an die technologische Realisierung und Realisierbarkeit adaptiert, um die für die am Lehrstuhl vorhandene Halbleiter-Technologie optimale und realisierbare Struktur zu finden.

4.1. Wahl der Membran-Technologie

Für die Durchführung dieser Arbeit stand zur Dotierung von Halbleitern anfangs nur die Möglichkeit der Diffusion aus aufgeschleuderten Diffusionsfilmen zur Verfügung. Mit solchen Filmen lassen sich aber nur maximale Dotierungen von etwas über $N_A = 1*10^{19}$ 1/cm³ erreichen, was für einen effektiven Ätzstop an einem hoch mit Bor dotierten Epilayer nicht ausreichend ist. Außerdem ist die Zugabe von Germanium zur Spannungseinstellung nicht möglich. Somit konnte nur das Verfahren zur elektrochemischen Membranätze herangezogen werden. Die Vor- und Nachteile dieser Membran sind im vorhergehenden Kapitel und in Kapitel 7 beschrieben. Zu Beginn dieser Arbeit war dies eine wesentliche Einschränkung.

Erst mit Scheiben, die vom Fraunhofer-Institut für Siliziumtechnologie zur Verfügung gestellt wurden, konnten Siliziummembranen mit Bor-Epilayer-Ätzstop hergestellt werden. Diese Scheiben weisen die bereits vorher genannten Vorteile auf. Die vergleichsweise einfache technologische Handhabung ist in Kapitel 7 beschrieben. Diese Scheiben haben folgende Parameter:

$N_{A,Bor} = 1{,}3*10^{20}$ 1/cm³	Bordotierung zum Ätzstop
$N_{ge} = 1{,}3*10^{21}$ 1/cm³	Germaniumdotierung zur Spannungseinstellung
$d_S = 2{,}2 - 2{,}4$ µm	Resultierende Membrandicke
$\tau_Z = 4*10^7$ N/m²	Eingestellte Zugspannung

Die technologischen, mechanischen, thermischen und optischen Eigenschaften dieser Membrane in Bezug auf den integrierten Infrarot-Sensor übertreffen die der elektrochemisch geätzten, so daß auf dieses Membranherstellungverfahren gewechselt wurde.

Für Siliziumnitrid- bzw. Siliziumnitrid/Siliziumdioxid-Membranen war kein Lieferant zu finden, der Scheiben in der gewünschten Spezifikation in Laborstückzahlen liefern konnte. Für diese Scheiben ist eine höhere Empfindlichkeit zu erwarten, sie konnten jedoch in dieser Arbeit nicht realisiert werden.

4.2. Wahl des Detektors

Im Folgenden sind für die Thermosäule und das Bolometer als Detektor in je einer Tabelle alle zur Berechnung der einzelnen thermischen Widerstände nötigen Daten angegeben, so wie sie in der Lehrstuhl-Technologie nötig und realisierbar sind.

Variable	Größe	Material	Zahlenwert	Einheit
L	Membrankantenlänge	Silizium	8	mm
d_a	Detektordurchmesser		2	mm
b	Leiterbahnenbreite		0.2	mm
$\lambda_{m,1}$	Wärmeleitfähigkeit	Aluminium	210 /41/	W/Km
$d_{m,1}$	Dicke	Aluminium	100	nm
$\lambda_{m,2}$	Wärmeleitfähigkeit	Polysilizium	0,23 /42/	W/Km
$d_{m,2}$	Dicke	Polysilizium	200	nm
k_{Th}	Anzahl der Thermoelemente		80	
$\lambda_{Isolation,1}$	Wärmeleitfähigkeit	Siliziumdioxid	1,45 /9/	W/Km
$d_{Isolation,1}$	Dicke	Siliziumdioxid	150	nm
$\lambda_{Isolation,2}$	Wärmeleitfähigkeit	Siliziumdioxid	1,45	W/Km
$d_{Isolation,2}$	Dicke	Siliziumdioxid	250	nm
η	Seebeck-Koeffizient	Poly-Si/Alu	1	mV/K

Tab. 4.1: Technologische Daten für eine integrierte Thermosäule

Mit diese Werten ergeben sich die für die Thermosäule spezifischen thermischen Widerstände zu:

$$R_{Bahnen,1} = 4*10^6 \frac{K}{W}$$

$$R_{Bahnen,1} = 8,9*10^3 \frac{K}{W}$$

$$R_{Isolation,1} = 4,3*10^5 \frac{K}{W}$$

$$R_{Isolation,2} = 3,2*10^5 \frac{K}{W}$$

Man sieht deutlich, daß die Aluminiumbahnen den thermischen Widerstand der Zuleitungen dominieren. Dieser ergibt sich zu:

$$R_Z = 8470 \frac{K}{W}$$

Es folgt analog die Berechnung der thermischen Widerstände für das Bolometer als Infrarot-Detektor:

Variable	Größe	Material	Zahlenwert	Einheit
L	Membrankantenlänge	Silizium	8	mm
d_a	Detektordurchmesser		2	mm
b	Leiterbahnenbreite	Platin	0.04	mm
$\lambda_{m,1}$	Wärmeleitfähigkeit	Platin	78 /10/	W/Km
$d_{m,1}$	Dicke	Platin	100	nm
α_B	Temperaturkoeffizient	Platin	$3,98*10^{-3}$	1/K

Tab. 4.2: Technologische Daten für ein integriertes Bolometer

Mit diese Werten ergibt sich der thermische Widerstand der Zuleitungen des Bolometers zu:

$$R_Z = 1.2*10^6 \frac{K}{W}$$

Die Membran besitzt einen effektiven thermischen Widerstand, der sich aus den Widerständen der Plattenkapazität und den ganzflächigen Isolations- und Schutzschichten zusammensetzt. Es ergibt sich ein Wert von

$$R_M = 2100 \frac{K}{W},$$

wobei hier der überwiegende Anteil durch die relativ dicke und thermisch gut leitende Silizium-Membran hervorgerufen wird.

Man sieht jetzt bestätigt, daß die Strahlungsverluste vollkommen zu vernachlässigen sind. Ebenso erkennt man, daß auch die Konvektionsverluste mit dem thermischen Widerstand

$$R_K = 6.2 * 10^7 \frac{K}{W}$$

nicht weiter in Betracht gezogen werden müssen.

Somit ergibt sich für die Variante mit Thermosäule als Detektor ein thermischer Widerstand von

$$R_{th,Th} = 1680 \frac{K}{W}$$

und für das Bolometer als Detektor

$$R_{th,B} = 2100 \frac{K}{W},$$

da hier die thermischen Verluste über die Zuleitung zu vernachlässigen sind.

Setzt man die Detektivitäten von Thermosäule und Bolometer gleich, kann man den maximalen Innenwiderstand eines Thermoelements der Thermosäule und somit den spezifischen Widerstand der Polysiliziumbahnen bestimmen, bei dem gleiche Empfindlichkeiten zu erwarten sind:

$$R_{Th} = \frac{k_{Th}}{R_B} * \left(\frac{\mu * R_{th,Th}}{I_B * \alpha_B * R_{th,B}} \right)^2 \tag{4.1}$$

Die bei uns gemessenen α_B sind etwas kleiner, als die in der Literatur /47/ /54/ angegebenen Werte. Die gemessenen spezifischen Widerstände sind um ca. den Faktor 4 größer als die von Platinbulkmaterial. Für ein $\alpha_B = 2{,}65*10^{-3}$ 1/K und einen Bolometerwiderstand $R_B = 1.1$ KΩ ergibt sich der Innenwiderstand eines Thermoelementübergangs zu $R_{TH} = 6{,}6$ kΩ. Dieser Widerstand teil sich auf in den Aluminiumanteil und den Polysiliziumanteil. Allerdings beträgt der Widerstand einer Aluminiumbahn nur circa $R_{Th,Alu} = 15$ Ω, so daß sich für den spezifischen Widerstand von Polysilizium ein Wert von $\rho_{Th,Poly-Si} = 8{,}8$ mΩcm ergibt. Dieser Wert liegt um Größenordnungen von dem entfernt, was wir am Lehrstuhl für Schichten realisieren können. Somit kann hier nur die Wahl auf ein integriertes Metallfilm-Bolometer fallen.

Für eine Siliziumnitrid/Siliziumdioxid-Mischmembran wird bei gleichen äußeren Anforderungen ein thermischer Widerstand $R_{th,Si3N4,SiO2}$ erreicht, der in etwa um den Faktor 20 höher liegt. Eine Reduktion der thermischen Kapazität um mindestens den Faktor 2 ist aufgrund der dünneren Membran zu erwarten.

Kapitel 5

5. Dimensionierung der ausgewählten Sensor-Struktur

Im vorigen Kapitel wurde die zur Integration geeignetste Struktur ermittelt. In diesem Kapitel wird diese Struktur exakt dimensioniert, um kleinstmögliche Nachweisgrenzen zu erzielen. Weiter wird hier auch näher auf jene Komponenten des Infrarot-Sensors eingegangen, die unabhängig betrachtet werden können, da sie nur eine Aufgabe übernehmen. Dabei wird von idealen Bedingungen ausgegangen, die technologischen Möglichkeiten unseres Lehrstuhls werden nicht als Maß für die Realisierbarkeit herangezogen. Dies geschieht vielmehr im Kapitel 7. Die in diesem Kapitel getroffenen Einschränkungen sind in erster Linie materialspezifischer Art. Nur wenn prinzipielle Verfahrensentscheidungen zu treffen sind, werden unsere technologischen Möglichkeiten mit in die Überlegungen einbezogen.

5.1. Infrarot-Filter

Das Infrarot-Filter wird in seiner Größe durch zwei Faktoren bestimmt. Einerseits ist die Kantenlänge der Membran so groß zu wählen, daß die durch die Auslenkung in die Membran eingebrachten Spannungen nicht zu deren Zerstörung führen. Andererseits ist die Membranfläche so zu wählen, daß mit den vier darauf zu integrierenden Plattenkapazitäten genügend hohe Kräfte zur Auslenkung der Membran aufgebracht werden können. Die Kapazitäten sollen Werte erreichen, die mit herkömmlichen Mitteln meßbar und wesentlich größer als die unvermeidbaren parasitären Kapazitäten sind. Die größte sich ergebende Kantenlänge ist die zu Realisierende, um sicheren Betrieb zu gewährleisten. Es wird sich zeigen, daß nicht die mechanischen Eigenschaften ausschlaggebend sind, sondern daß die Abmessungen der Membranfläche bestimmt werden durch die Meßmöglichkeiten zur Kapazitätsbestimmung.

Rahmenbedingung für die folgende Dimensionierung ist ein nutzbarer Spektralbereich von 2 bis 8 µm mit einer Auflösung (≡ Halbwertsbreite) besser als 200 nm.

5.1.1. Dimensionierung der mechanischen Eigenschaften der Membran

Die bei der Auslenkung der Membran aufgebrachten Kräfte wirken sich in der Membran durch eine Zugspannung und ein Biegemoment aus. Die Zugspannung resultiert aus der notwendigen Längenstreckung der Membran bei Durchbiegung. Das Biegemoment entsteht in der Membran, da diese allseitig eingespannt ist und mittig ausgelenkt wird. Das Biegemoment in der Membran wirkt sich aufgrund der endlichen Dicke der Membran ebenfalls als Zugspannung aus. Beide auf diese Weise eingebrachten Spannungen dürfen nicht den Grenzwert für das hoch mit Bor dotierte Silizium überschreiten, da sonst die Membran zerstört würde. Bild 5.1 veranschaulicht nochmals die Zusammenhänge:

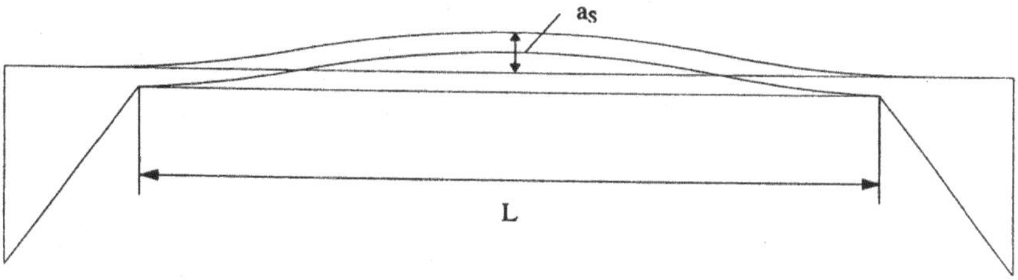

Bild 5.1: Längenänderung der Membran aufgrund der Auslenkung

Als Rückstellkräfte wirken in der Membran die durch die Auslenkung hervorgerufene Zugspannung, die technologisch eingebrachten Zugspannungen und die Biegesteifigkeit der Membran. Man kann dieses System zur mathematischen Beschreibung in ein Masse-Feder-Modell übertragen.

Das Masse-Feder-Ersatzschaltbild enthält zwei parallelgeschaltete Federn und die Membranmasse. Die eine Feder beschreibt die Biegesteifigkeit, die andere die Summe aus der technologisch eingestellten Zugspannung und der durch die Auslenkung hervorgerufenen Zugspannung. Für Auslenkungen größer der Membrandicke kann die Biegesteifigkeit vernachlässigt werden /25/, und es liegt der Fall der reinen Zugspannung vor. Für die hier vorliegenden Membranen ist die technologisch eingestellte Zugspannung bereits so groß, daß schon für Auslenkungen wesentlich kleiner der Membrandicke von reiner Zugspannung ausgegangen werden kann. Die zugehörige Differentialgleichung ist gegeben durch

$$\frac{\partial^2 a_s}{\partial x^2}+\frac{\partial^2 a_s}{\partial y^2}-\frac{\rho * d_s}{\left(E_{a_s}+\tau_Z\right)}*\frac{\partial^2 a_s}{\partial t^2}=0$$

$a_s :=$ *Auslenkung der Membran* $[m]$ (5.1)

$\rho :=$ *Dichte der Membran* $[kg / m^3]$

$E_{a_s} :=$ *Zugspannung durch die Membranauslenkung* $[N / m^2]$

$\tau_Z :=$ *technologisch eingestellte Zugspannnung* $[N / m^2]$

Randbedingungen sind, daß die Auslenkung a_s an den Einspannstellen Null ist, und daß an den Einspannstellen kein Biegemoment aufgenommen werden kann, also a_s'' auch Null sein muß. Diese Differentialgleichung hat eine geschlossene analytische Lösung. Es ergibt sich ein sinusförmiger Verlauf der Auslenkung über der Membran. /25/

$$a(x)=a_s * \sin\left(\pi * \frac{x}{L}\right)$$

(5.2)

$a_s :=$ *maximale Auslenkung* $[m]$

$L :=$ *Membranlänge* $[m]$

Berücksichtigt man die Längendehnung der Membran bei der Auslenkung, so ergibt sich im ausgelenkten Zustand eine neue Länge L_{as} der Membran

$$L_{a_s}=\int_0^L \sqrt{1+a_s^2 * \frac{\pi^2}{L^2} * \cos^2\left(\frac{\pi * x}{L}\right)}\,dx$$

(5.3)

$L_{a_s} :=$ *Länge der Membran durch Dehnung* $[m]$

Für dieses Integral gibt es keine geschlossene Lösung, ein numerisches Lösungsverfahren ist notwendig. Im Bild 5.2 ist die Länge L_{as} in Abhängigkeit verschiedener Auslenkungen wiedergegeben.

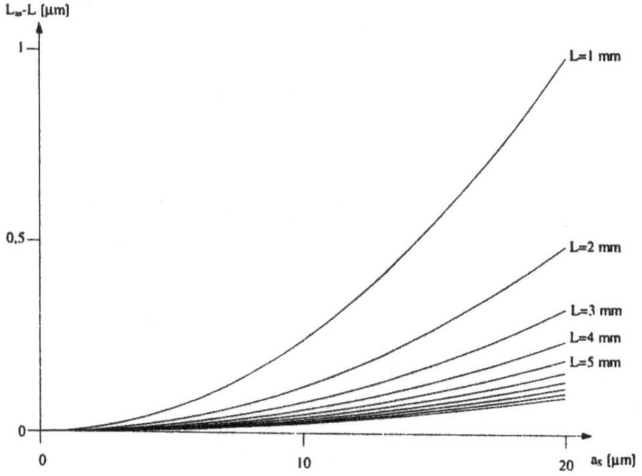

Bild 5.2: Längenänderung der Membran bei Auslenkung für Ruhelängen im Bereich von 1 bis 10 mm

Die maximale Dehnung, die bei Auslenkung der Membran auftritt, muß kleiner der maximal zulässigen Dehnung von Silizium sein, da sonst die Membran zerreißt. In Bild 5.3 ist der Verlauf der Spannung in der Membran für Membrankantenlängen von 1 bis 10 mm und Auslenkungen von 1 bis 20 µm für Membranen ohne technologisch eingebrachte Grundspannung dargestellt. Naturgemäß tritt die größte Spannung bei kleinen Membrankantenlängen und großer Auslenkung auf. Bei 20 µm Auslenkung und 1 mm Membrankantenlänge ergibt sich für die Spannung ein Wert von $E_{as} = 18.7 * 10^7$ N/m². Die hier verwendeten Membranen haben eine Grundspannung von $\tau_Z = 4 * 10^7$ N/m², die Bruchspannung von Silizium liegt bei $E_{Si} = 7 * 10^9$ N/m² /52/. Man erkennt deutlich, daß für Membranen größer 5 mm Kantenlänge und Auslenkungen kleiner 20 µm die technologisch eingebrachten Membranspannungen dominant sind, die zusätzlich eingebrachten Spannungen durch die Längenänderung im Vergleich dazu vernachlässigt werden können.

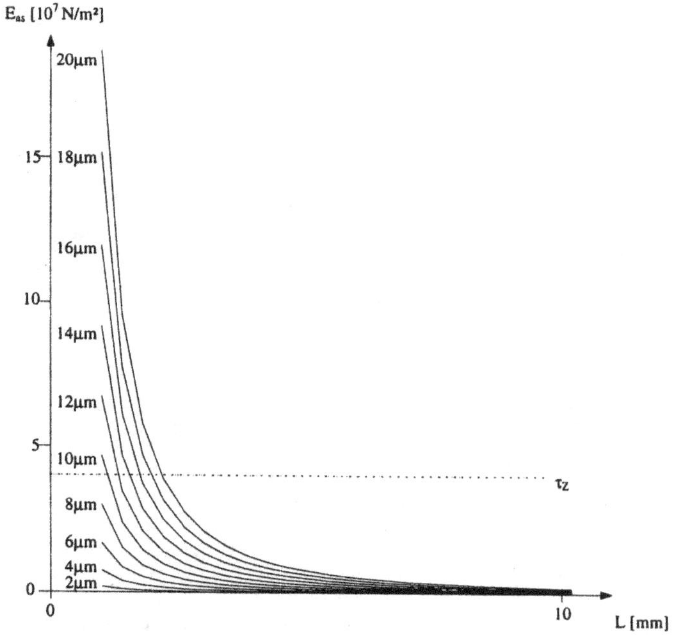

Bild 5.3: Zugspannung in der Membran für verschiedene Auslenkungen

Vernachlässigt man die Biegesteifigkeit, was aufgrund der hier verwendeten Membran keine Einschränkung bedeutet, kann man die Federkonstante der Membran bestimmen zu /25/

$$F_{a_s} = 30 * \left(\frac{L_{a_s} - L}{L} * E + \tau_Z \right) * d_s$$

F_{a_s} := *Ersatzfederkonstante der Membran* $[N/m]$ (5.4)

E := *Elastizitätsmodul* $[N/m^2]$

d_s := *Membrandicke* $[m]$

τ_Z := *technologisch eingestellte Zugspannung* $[N/m^2]$

Für eine Auslenkung a_S der Membran ist somit die Kraft

$$F_a = F_{a_s} * a_s$$

$$F_a := Auslenkkraft\,[N] \tag{5.5}$$

nötig. Für eine Maximalauslenkung von 10 µm ist eine Längenänderung unterhalb von 0.25 µm für Membranen mit einer Kantenlänge größer 1 mm zu erwarten. Mit einem Elastizitätsmodul von $E_{Si} = 190*10^9$ N/m² /50/ ergibt sich eine maximale Federkonstante für Membranen größer 1 mm² von $F_{as} = 5990$ N/m. Für größere Membranen, bei denen nur noch die technologisch eingebrachten Spannungen eine Rolle spielen, reduziert sich diese Federkonstante auf einen Wert von $F_{as,min} = 2760$ N/m.

5.1.2. Dimensionierung der elektrischen Eigenschaften der Plattenkapazitäten

Für eine hohe Güte des Fabry-Perot-Interferometers ist die Planparallelität der Spiegel von entscheidender Bedeutung. Deshalb werden vier Plattenkapazitäten auf die Membran aufgebracht, durch deren separate Ansteuerung ein Verschwenken des Spiegels so möglich ist, daß zum Beispiel Fertigungstoleranzen ausgeglichen werden können. Die Details der elektrischen Ansteuerung sind in Kapitel 8 erläutert. Die Plattenkapazitäten dienen einerseits zur Auslenkung der Membran, andererseits wird der Kapazitätswert gemessen und dient als Meßgröße für die Abstandsregelung.

Die Kräfte, die auf zwei sich gegenüberliegende Platten eines Plattenkondensators wirken, sind gegeben durch:

$$F_A = \frac{1}{2}\frac{\varepsilon_0 \varepsilon_r * A}{s^2} * U^2$$

$$\begin{aligned} F_A &:= Anziehungskraft\ der\ Platten\,[N] \\ s &:= Abstand\ der\ Platten\,[m] \\ A &:= Plattenfläche\,[m^2] \\ U &:= angelegte\ Spannung\,[V] \end{aligned} \tag{5.6}$$

Die Kraft F_A ist also für den unausgelenkten Zustand am kleinsten und steigt dann indirekt proportional zu dem sich verringernden Abstand quadratisch an. Große Kräfte kann man durch große Plattenflächen A oder durch hohe Spannungen U erzielen, wobei die Spannung quadratisch eingeht. Eine Vergrößerung der Fläche erfordert größere Membranabmessungen, die technologisch schwieriger zu realisieren sind und teure Chipfläche in Anspruch nehmen. Eine Erhöhung der Spannung ist wegen der Durchschlagsfestigkeit der Isolationsoxides nur in geringen Grenzen möglich. Literaturwerte geben für gesputtertes Siliziumdioxid Durchbruchfeldstärken im Bereich von $5*10^6$ V/cm an /75/. Bei 200 nm Oxiddicke könnten so maximal 100 V angelegt werden. Die bei uns realisierten Siliziumdioxid-Isolationsschichten weisen geringfügig niedrigere Werte auf, so daß bei einer Schichtdicke von 200 nm ab einer Spannung von U = 80V mit einem Durchschlag zu rechnen ist. In Gleichung 3.7 ist die Anziehungskraft der Platten durch den technologisch eingestellten Abstand und die Auslenkung ausgedrückt.

Wie bereits erwähnt, dienen die integrierten Plattenkapazitäten nicht nur zur Auslenkung der Membran. Vielmehr kann durch Messung des Kapazitätswertes bei bekannter Plattenfläche auf den Abstand zurückgerechnet werden. Die Kapazität eines Plattenkondensators errechnet sich zu

$$C_A = \frac{\varepsilon_0 \varepsilon_r * A}{s} \qquad (5.7)$$

$$s := Abstand\ der\ Platten\,[m]$$
$$A := Plattenfläche\,[m^2]$$

Auch hier ergibt sich der kleinste Wert für C_A bei unausgelenkter Membran. Eine Erhöhung des Kapazitätswertes auslenkungsunabhängig ist nur durch Vergrößerung der Plattenfläche oder aber durch Einbringen eines Dielektrikums mit $\varepsilon_r >> 1$ möglich. Nur Feststoffe und Flüssigkeiten weisen eine relative Dielektrizitätszahl wesentlich größer eins auf, können aber aus Systemüberlegungen nicht verwendet werden.

Zufriedenstellende Kapazitätsmessung kann man mit vertretbarem Aufwand bis zu einem Kapazitätswert im Bereich von mindestens 5 bis 10 pF durchführen. Diese Werte liegen auch höher, als die zusätzlich zu erwartenden parasitären Kapazitäten. Für einen durchstimmbaren Bereich von 2 bis 8 µm bei einer Halbwertsbreite kleiner 200 nm über den gesamten Bereich muß nach Gleichung (1.32) die Filterordnung mindestens m = 2 betragen. Da laut Gleichung (1.15)

$$d = m * \frac{\lambda}{2} \text{ ist,} \tag{5.8}$$

ergeben sich Spiegelabstände von d = 2 bis 8 µm. Somit ist eine Mindestfläche für eine Plattenkapazität von

$$A = C_A \frac{s}{\varepsilon_0 \varepsilon_r} \geq 9*10^{-6} m^2 \tag{5.9}$$

nötig. Bei quadratischen Membranen bietet sich die Integration von quadratischen Plattenkapazitäten an. Dies bedeutet eine Kantenlänge für eine Kapazitätsplatte von 3 mm. Bei der Integration von vier Plattenkapazitäten liegen an einer Membrankante immer zwei Platten, so daß sich für die Membran eine minimale Abmessung von 6*6 mm^2 ergibt.

Für die Auslenkung der Membran ist es notwendig, daß die durch die Plattenkondensatoren maximal aufbringbare Auslenkkraft bei jeder Auslenkung größer ist, als die durch die Zugspannungen in der Membran entstehenden Rückstellkräfte. Im Bild 5.4 sind eingetragen die maximale Auslenkkraft und die Rückstellkraft der Membran über der Auslenkung für verschiedene Membrankantenlängen. Dabei ist eine maximale Plattenkondensatorspannung von U = 60 V angenommen. Die Membrandicke ist mit d_s = 2,3 µm angesetzt.

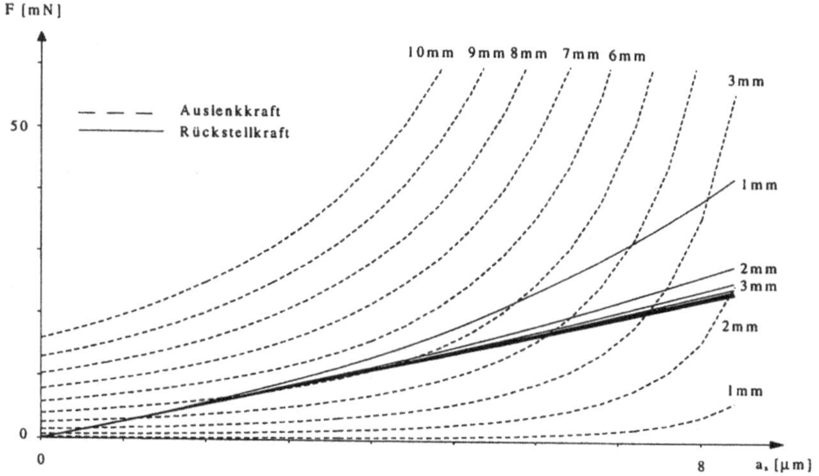

Bild 5.4: Auslenk- und Rückstellkräfte über der Auslenkung für verschiedene Membrankantenlängen

Aus Bild 5.4 geht hervor, daß eine mit U = 60 V angesteuerte Membran mit 6 * 6 mm² Kantenlänge und einer Dicke von 2,3 µm hinreichend groß ist, um die mechanischen und elektrischen Anforderungen zu erfüllen. Um jedoch auf der sicheren Seite zu liegen, wurde eine Membrangröße von 8 * 8 mm² gewählt, da diese Strukturgröße auch noch in der Fertigungstechnologie beherrschbar ist.

5.1.3. Grenzen der Auslenkbarkeit

Setzt man die durch die Plattenkapazitäten aufbringbare Kraft gleich der Membranrückstellkraft, so erhält man einen Ausdruck für Auslenkung der Membran in Abhängigkeit der an die Plattenkapazitäten angelegten Spannung.

$$F_A = F_a \qquad (5.10)$$

Zusammen mit den Gleichungen 5.4, 5.5 und 5.7 ergibt sich folgender Ausdruck:

$$\frac{1}{2}\frac{\varepsilon_0\varepsilon_r * A}{(d_{th}-a_s)^2} * U^2 = F_{a_s} * a_s \qquad (5.11)$$

Bei einer Membran mit 8 mm Kantenlänge, die um weniger als 20 µm aus ihrer Ruhelage ausgelenkt wird, bestimmt sich, wie im Abschnitt 5.1.1 gezeigt, die Federkonstante nur durch die technologisch eingestellte Zugspannung; sie ist somit konstant und wird mit $F_{as} = 2760$ N/m angesetzt.

Nach Koeffizienten geordnet stellt sich Gleichung 5.11 folgendermaßen dar:

$$\frac{1}{2}\frac{\varepsilon_0\varepsilon_r * A}{F_{a_s}} * U^2 = a_s * (d_{th} - a_s)^2 \qquad (5.12)$$

Wertet man diese Gleichung numerisch aus, so dürfte die Membran bei einer Auslenkung um nicht mehr als 4,1 µm kontrolliert auslenkbar sein. Danach würde sie unkontrolliert soweit ausgelekt werden, bis sich die gegenüberliegenden Kapazitätsplatten berühren. Hier zeigen sich die Grenzen des Modells, da in der Praxis Auslenkungen bis etwa 5,5 µm problemlos zu erzielen waren.

5.1.4. Dimensionierung der anderen optische Komponenten

Bulk:

Das Bulkmaterial ist in Bezug auf die optischen Eigenschaften unkritisch. Es ist lediglich darauf zu achten, daß ein Silizium-Material verwendet wird, das eine möglichst hohe Reinheit besitzt. Es darf sich dabei um keine sogenannten Epi-Scheiben handeln, die einen hochdotierten Bulk mit einer niedrig dotierten Schicht an der Oberseite besitzen. Dies ist durch die starke Absorption freier Ladungsträger /73/ im infraroten Bereich begründet ($\alpha_{fc} = 0{,}4 - 200$ 1/cm für p-Si und $\rho = 0{,}5 - 0{,}014$ Ωcm). Dabei ist die Absorptionskonstante von p-Silizium als Akzeptormaterial um circa den Faktor 30 höher /74/ , als die von n-Silizium.

Spiegel:

Die Eigenschaften der Spiegel sind für die optische Charakteristik des Infrarot-Sensors von entscheidender Bedeutung. Als einfaches Optimierungsziel kann aus Kapitel 1 festgehalten werden: Hohe Reflexion, kleine Transmission und möglichst keine Absorption. Somit erhält man hohe Transmissionsintensitäten, die Intensitätsminima erreichen den Wert Null annähernd. Der Filterkontrast ist nahe bei eins. Dies läßt sich nur mit dielektrischen Multilayern realisieren. Dabei werden wechselweise λ/4-Schichten mit niedrigem und hohem Brechungsindex aufgebracht /67/. Dies ist technologisch auf Grund der Vielzahl der Schichten sehr aufwendig. Zur Reflexionserhöhung von Silizium geeignete Materialien müssen bei einer Einfachschicht einen Brechungsindex $n > n_{Si} = 3{,}42$ /55/ aufweisen, um eine Spiegelwirkung zu erzielen /66/. Materialien mit einem Brechungsindex höher als dem von Silizium sind gering. Bei Mehrfachschichten fällt diese Einschränkung weg, so daß die Zahl der möglichen Materialien immens steigt. Normalerweise werden die erste und letzte Schicht, also die, die Kontakt zum Substrat oder zur Luft haben, mit hohem Brechungsindex ausgeführt. Dann folgen wechselweise die Schichten mit hohem und niedrigem Brechungsindex, wobei gelten muß: $n*d = \lambda/4$ (Phasenbedingung) und $n_2/n_1 = \sqrt{n_s}$ (Amplitudenbedingung). In der Literatur /20/ sind Werte von R = 0,983, T = 0,012 und A = 0,005 für eine Beschichtung mit 11 Lagen genannt. Die Transmission solch einer Wechselschicht bei senkrechtem Strahlungseinfall ergibt sich zu /17/

$$T_k = \frac{n_s}{n_0} \frac{(1+r_1)^2 \left(1+r_2^2\right)^{k-1} (1+r_3)^2}{a_k^2}$$

$$T_k := \textit{Transmission für k Schichten} \qquad (5.13)$$
$$n_s := \textit{Brechungsindex Substrat}$$
$$n_0 := \textit{Brechungsindex umgebendes Medium}$$

Dabei sind r_1, r_2 und r_3 die Fresnelschen Amplitudenreflexionskoeffizienten für die Übergänge n_0/n_1, n_1/n_2 und n_1/n_s. Das Element a_k berechnet sich zu

$$a_3 = Au + Bv$$
$$a_5 = Au^2 + 2Buv + Av^2$$
$$a_7 = Au^3 + 3Bu^2v + 3Auv^2 + Bv^3$$
$$etc\ldots \qquad (5.14)$$

$$A = 1 - r_1 r_3 \qquad B = r_3 - r_1$$
$$u = 1 + r_2^2 \qquad v = 2r_2$$

Für eine 9-Lagen-Schicht aus Calciumflorid/Antimonsulfid auf Silizium ergeben sich theoretische Werte von R = 0.995 und T =0,005. Von Absorption kann hier im eigentlichen Sinn des Wortes nicht die Rede sein, vielmehr handelt es sich um Streuung, wahrscheinlich an beim Herstellungsprozeß entstandenen Korngrenzen /18/.

Die Messung der Schichtdicke sollte bei der Herstellung unbedingt in situ auf optische Weise im relevanten Spektralbereich erfolgen, da nur so reproduzierbare gute Verspiegelungen hergestellt werden können /33/. Unser Lehrstuhl verfügt über so eine Meßeinrichtung nicht. Deshalb wurde hier nicht die komplexe Herstellung dielektrischer Spiegel realisiert. Somit mußte auf die optischen Eigenschaften von dünnen Metallspiegeln zurückgegriffen werden.

Der wesentlichste Nachteil besteht darin, daß Metallspiegel auch bei dünnen Schichten bereits eine nicht zu vernachlässigende Absorption aufweisen /39/. Für diese Arbeit wurden Metallspiegel aus Aluminium verwendet. Diese weisen bei 100 Å einen Reflexionsfaktor von ca. R = 0.85, einen Transmissionsfaktor von T = 0.05 und einen Absorptionsfaktor von ca. A = 0.1 auf. Diese Werte schwanken etwas, da der Herstellungsprozeß für diese Werte eine Rolle spielt. Die hohe Absorption führt zu starken Intensitätsverlusten in der Durchlaßkennlinie. Die Abhängigkeit der optischen Charakteristika von den Technologieparametern machen die Angabe von Prozeßdaten überflüssig. Die Reproduzierbarkeit der optischen Daten ist, vermutlich durch den langsameren Schichtaufbau, bei Sputterabscheidung höher als bei thermischem Verdampfen.

Antireflexschichten:

Verursacht durch den hohen Brechungsindexsprung von Luft zu Silizium ist das Aufbringen von Antireflexschichten unerläßlich. Hierzu werden, ähnlich den multilayer-dielektrischen Spiegeln, Vielfachschichten aufgebracht. Im einfachsten Fall wird nur eine Schicht mit $n*d = \lambda/4$ verwendet, deren Brechungsindex folgender Beziehung folgen muß:

$$n_{AR} = \sqrt{n_0 n_s}$$

n_{AR} := *Brechungsindex der Antireflexschicht [ ]* (5.15)
n_0 := *Brechungsindex des umgebenden Mediums [ ]*
n_s := *Brechungsindex des Substrates [ ]*

Nachteilig ist die Tatsache, daß hier eine perfekte Entspiegelung nur für eine Wellenlänge auftritt. Außerdem ist es schwierig, Materialien zu finden, die die Gleichung 3.10 erfüllen, vor allem dann, wenn der Brechungsindex des Substrates klein ist. Deshalb werden Mehrfachschichtsysteme verwendet. Mit jeder Schicht kann man, geeignete Antireflexmaterialien vorausgesetzt, eine weitere Nullstelle im Reflexionsverlauf erreichen. Ein einfaches Verfahren ist die Aufbringung von Schichten, deren Dicke immer um $\lambda/4$ zunimmt. Genügt für die erste Schicht $\lambda/4 = n_1 * d_1$, so muß die zweite bereits $\lambda/2 = n_2 * d_2$ dick sein, die dritte dann $3\lambda/4 = n_3 * d_3$. Hier setzt allerdings die maximal aufbringbare Schichtdicke bald ein Ende. Ein anderes Verfahren sieht die Aufbringung von vielen Schichten vor, alle von der Dicke $n * d = \lambda/4$ (Phasenbedingung). Für eine gerade Anzahl p von Schichten müssen die Brechungsindizes dann der Beziehung

$$n_1^2 * n_3^2 * n_5^2 * \ldots * n_{p-1}^2 * n_s = n_2^2 * n_4^2 * n_6^2 * \ldots * n_p^2 \qquad (5.16)$$

gehorchen, für eine ungerade Anzahl von Schichten muß gelten:

$$n_1^2 * n_3^2 * n_5^2 * \ldots * n_p^2 = n_2^2 * n_4^2 * n_6^2 * \ldots * n_{p-1}^2 * n_s \qquad (5.17)$$

(Amplitudenbedingung)

Hier kann ebenso mit einem Zweifach-Schichtsystem gearbeitet werden, wie bei den dielektrischen Spiegeln. Die dort aufgeführten Gleichungen 3.11 und 3.12 beschreiben auch hier das entsprechende Transmissionsverhalten. Als zusätzliche Bedingung an die hier verwendbaren Materialien wird im relevanten Spektralbereich eine hohe Transmission gefordert, was bei reinen Spiegeln nicht der Fall sein muß /3/. Für die Beschichtung von Objektiven und Linsen werden häufig mehr als 50 dielektrische Filme aufgebracht. Für die Realisierung von Antireflexschichten stehen im infraroten

Spektralbereich eine Anzahl verschiedener Substanzen zur Verfügung. In Tabelle 3.1 ist eine Auswahl der bekanntesten Stoffen mit Brechungsindizes zwischen n = 1,28 und n = 2,7 aufgeführt:

Material	Summenformel	Brechungsindex λ = 1 - 8 µm	Transmissionsbereich in µm
Kryolith	Na_3AlF_6	1,28	- 14
Magnesiumfluorid	MgF_2	1.35	0,25 - 9
Calciumfluorid	CaF_2	1,42	0,2 - 8
Siliziumdioxid	SiO_2	1,44	0,2 - 4,5
Bariumfluorid	BaF_2	1,46	0,2 - 10
Kaliumchlorid	KCl	1,48	0,4 - 19
Magnesiumoxid	MgO	1,68	0,23 - 9
Aluminiumoxid	Al_2O_3	1,7	0,17 - 6,5
Siliziummonoxid	SiO	1,70	0,55 - 8
Zinkselenid	ZnS	2,28	0,35 - 14,5
Antimonsulfid	Sb_2S_3	2,7	- 15

Tab. 5.1: Wichtige Antireflexbeschichtungsmaterialien /24/ /35/ /40/ /49/

Beschränkt man sich wegen des technologischen Aufwands auf drei Schichten, so muß gelten:

$$n_1^2 * n_3^2 = n_2^2 * n_S \tag{5.18}$$

Für ein Materialsystem aus Kryolith, Siliziummonoxid und Antimonsulfid wird die Amplitudenbedingung recht gut erfüllt, und die zu realisierenden Schichtdicken liegen in einem gut beherrschbaren Bereich. In Bild 5.5 ist der berechnete Verlauf einer solchen Dreierstruktur über der Wellenlänge dargestellt.

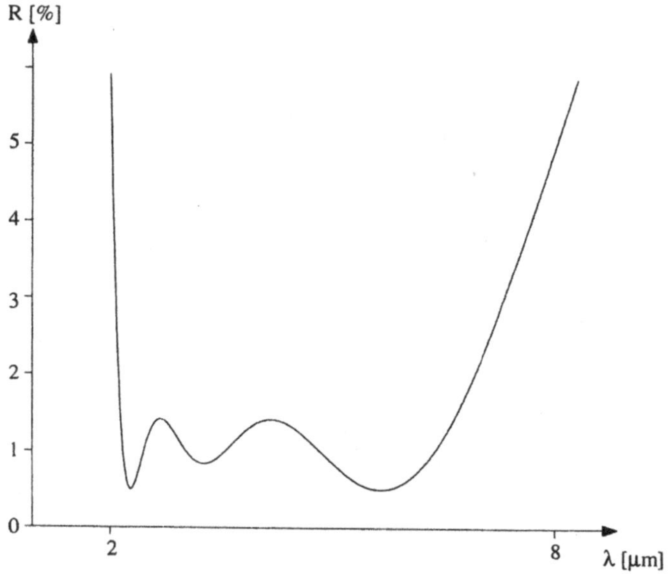

Bild 5.5: Reflexion von Silizium mit aufgebrachter Antireflexbeschichtung

Man erkennt, daß die Reflexion an einer Silizium-Luft-Grenzfläche auf unter 5 % im Bereich von λ =2-8 µm gesenkt werden kann. Die Reflexion weist keine drei Nullstellen, sondern nur drei Minima auf, da die Amplitudenbedingung mit dieser Schichtkombination nicht exakt erfüllt wird.

5.2. Infrarot-Detektor

Wie in Kapitel 4 gezeigt wurde, ist eine Thermosäule mit 80 Polysilizium-Aluminium-Übergängen, deren Innenwiderstand unter 0.88 mΩcm liegt, einem Metallfilm-Bolometer vorzuziehen. Allerdings konnte der Bahnwiderstand der Polysiliziumbahnen in unserer Technologie nicht unter einen Wert von 45-50 Ωcm gedrückt werden, so daß für diese Arbeit ein Platin-Dünnfilm-Bolometer Verwendung fand. Im Kapitel 4 ist für das thermische Verhalten der Sensor-Anordnung bereits ein Modell aufgestellt worden, das hier jetzt verwendet wird, um optimale Detektivitäten zu erhalten.

5.2.1. Dimensionierung der thermischen Eigenschaften

Der thermische Widerstand des integrierten Metallfilm-Bolometers ist nicht durch die Bolometermetallisierung selbst bestimmt, sondern nahezu ausschließlich durch die Membrandaten. Es ist also nicht weiter sinnvoll, die thermischen Widerstände des Bolometers zu erhöhen, solange die Membran thermische Widerstände aufweist, die um ca. 3 Größenordnungen kleiner sind. Hier würde eine dünnere Membran aus Siliziumnitrid oder Siliziumnitrid/Siliziumdioxid-Wechselschichten eine erhebliche Verbesserung der Nachweisgrenze mit sich bringen.

In die Detektivität D^* geht auch der Absorberwirkungsgrad α_S mit ein. Im Kapitel 4 wurde bereits gezeigt, daß hoch dotierte Schichten eine starke Absorption auf Grund der freien Ladungsträger aufweisen. Bei einer Absorption von $\alpha_{fc} = 1{,}7*10^3$ 1/cm und einer Membrandicke von ca. 2,3 µm wird ein Absorptionswirkungsgrad von 98% erreicht. Dieser Wert wird durch Messungen sehr gut bestätigt. Durch ein lokales Bedampfen der Membranrückseite unter dem Spiegel mit „Schwarzem Gold" kann die Absorption noch wesentlich gesteigert werden. Eine dünne Schicht mit einer Massenbelegung von etwa $8*10^{-4}$ kg/m² /72/ und einer äquivalenten Dicke von 42 nm zeigt einen Absorptionswirkungsgrad von ca. 95%. Somit ergibt sich eine Gesamtabsorption von über 99,8 %.

5.2.2. Dimensionierung der elektrischen Eigenschaften

Für eine hohe Detektivität ist ein hoher Innenwiderstand des Platinbolometers Voraussetzung. Dies ist in diesem Fall die einzige Möglichkeit, die Empfindlichkeit des Sensors zu erhöhen, da wie oben gezeigt, der thermische Widerstand durch die Membranabmessungen determiniert wird. Der Widerstand einer Leiterbahn berechnet sich zu:

$$R_B = \frac{l_B}{d_B * b} * \rho_B$$

$$\begin{aligned} l_B &:= \textit{Länge der Widerstandsbahn } [m] \\ d_B &:= \textit{Dicke der Widerstandsbahn } [mm] \\ b &:= \textit{Breite der Widerstandsbahn } [mm] \\ \rho_B &:= \textit{spezifischer Widerstand } [\Omega mm^2/m] \end{aligned} \qquad (5.19)$$

Einer Reduzierung der Metallfilmdicke sind nach unten hin Grenzen durch die Homogenität der Schichten gesetzt. Die Breite der Metallbahn kann nur innerhalb technologischer Grenzen verringert werden. Als noch sicher zu beherrschen gilt hier eine Breite von 30-40 µm. Die Dicke sollte nicht unter 80 nm reduziert werden. Hier wird von einer Dicke von d_B = 100nm und einer minimalen Strukturbreite von b = 40 µm ausgegangen. Um hohe Innenwiderstände zu erreichen, muß die Metallbahn möglichst lang gestaltet werden. In den vorgegebenen Abmessungen kann durch Verwendung mäanderförmiger Strukturen eine Länge von 10 mm und somit für den Innenwiderstand ein Wert von ca. 1,1-1,5 kΩ erreichen werden.

Kapitel 6

6. Abschätzung der erzielbaren Daten

Im vorigen Kapitel wurde die in Kapitel 4 gefundene Struktur exakt dimensioniert. In diesem Kapitel werden die mit diesem Sensor erreichbaren Daten abgeschätzt. Hierbei wird auf den thermischen Widerstand und die thermische Kapazität der Anordnung eingegangen. Daraus leitet sich die Grenzfrequenz des Sensors und damit die Scangeschwindigkeit ab. Daran schließt sich eine Abschätzung der minimal detektierbaren Leistung über dem Spiegelabstand an.

6.1. Abschätzung des thermischen Widerstandes

In Kapitel 3 und Kapitel 4 wurden Modelle aufgestellt, die das thermische Verhalten des Infrarot-Sensors beschreiben. Dabei wurde auch gezeigt, daß für ein Metallfilm-Bolometer als Detektor der thermische Widerstand ausschließlich durch die Silizium-Membran bestimmt wird. Dies resultiert aus der Tatsache, daß Silizium einen im Vergleich zu anderen Halbleitermaterialien hohe thermische Leitfähigkeit besitzt und daß die Membran dick im Verhältnis zu allen darauf aufgebrachten Strukturen ist. Es ergibt sich für den thermischen Widerstand ein Wert von ca. $R_{th} = 2100$ K/W (Kapitel 4). Bei dieser Abschätzung ist die Leitfähigkeit der Membran ebenso berücksichtigt wie alle darauf aufgebrachten Metallisierungs- und Isolationsschichten.

6.2. Abschätzung der thermischen Kapazität

Die thermische Kapazität des Sensors setzt sich aus der Wärmekapazität der Membran, der Auslenkeinheit, des Detektors sowie der des Absorbers zusammen. Für die oben dimensionierte Struktur ergibt sich eine Kapazität von $2{,}3 * 10^{-4}$ J/K. Dieser vergleichsweise hohe Wert wird durch die Membran und die Metallisierungen bestimmt. Er kann problemlos gesenkt werden, wenn die Schichtdicken der Metallisierungen verkleinert werden. Hier wurde aus technologischen Überlegungen heraus eine große Prozeßsicherheit eingebaut.

6.3. Abschätzung der Grenzfrequenz und der Scangeschwindigkeit

Die thermische Kapazität der Anordnung bestimmt zusammen mit dem thermischen Widerstand die Zeitkonstante des Systems. Für kleine Zeitkonstanten kann aufgrund von Gleichung 1.35 nur eine kleine thermische Masse angestrebt werden, da eine Senkung des thermischen Widerstands eine niedrigere Empfindlichkeit bewirkt (Gleichung 1.47). Für die in Kapitel 6.1 und 6.2 abgeschätzten Werte für den thermischen Widerstand und die thermische Kapazität ergibt sich gemäß Gleichung 1.35 eine thermische Zeitkonstante für diesen Sensor zu $\tau_{th} = 0.5$ s. Dieser niedrige Wert resultiert aus der hohen thermischen Leitfähigkeit der Silizium-Membran. Vorteilhafter wäre hier eine dünnere - somit besser thermisch isolierende - Membran, die aufgrund der geringeren Masse dann auch eine kleinere thermischen Kapazität aufweist, so daß von einer thermischen Zeitkonstante in der gleichen Größenordnung ausgegangen werden kann. So ist auch eine erhöhte Nachweisempfindlichkeit erreichbar.

Die Scangeschwindigkeit, mit der Spektren erfaßt werden können, ist nicht nur von der Geschwindigkeit des Sensors abhängig. Ebenso muß die erreichbare Modulationsfrequenz der Infrarot-Quelle in Betracht gezogen werden. Weiter ist für eine hohe Meßpräzision unabdingbar, bei jeder Spiegelstellung viele Meßpunkte aufzunehmen, über die dann gemittelt wird. In der Regel wird die Meßzeit dadurch bestimmt.

Die Zeit, die benötigt wird, den Spiegelabstand einzustellen, ist im Vergleich zur thermischen Zeitkonstante des Detektors zu vernachlässigen. Es wurden Anregungsfrequenzen bis 130 Hz realisiert.

Die Zahl der nötigen Abtastpunkte ergibt sich aus systemtheoretischer Überlegung analog zu dem Abtasttheorem. Durch die Vieldeutigkeit des Filters wirkt sich das Durchfahren des Spiegelabstands wie eine Faltung von dem Absorptionsspektrum mit der Filterkennlinie aus. Transformiert man sowohl das Absorptionsspektrum als auch die Filterkennlinie mit einer Fourier-Transformation in den Bildbereich, so wird die Faltung durch eine Multiplikation ersetzt. Die Abtastpunkt müssen so gewählt werden, daß der höchstfrequente Spektralanteil des Absorptionsspektrums im Bildbereich noch erfaßt wird. Da aufgrund der endlichen Auflösung des Fabry-Perot-Filters eine Tiefpaßfilterung auftritt, kann es passieren, daß die

Anzahl der Abtastpunkte nicht hoch genug gewählt werden kann. Dann tritt unweigerlich ein Informationsverlust durch die Vieldeutigkeit und die endliche Auflösung ein.

6.4. Abschätzung der minimal detektierbaren Leistung

Die im Folgenden durchgeführte Abschätzung bezieht sich nur auf die minimal detektierbare Leistung bei einem eingestellten Spiegelabstand d' und bei fester Meßbandbreite. Sie gibt nicht Auskunft über die zu erwartende minimale Nachweisgrenze für bestimmte Substanzen. Dies geschieht vielmehr im Kapitel 10.

Betrachtet man den Detektor allein, so ist die minimal detektierbare Leistung - einen idealen Absorber vorausgesetzt - wellenlängenunabhängig. Sie wird bestimmt durch die minimal nachweisbare Spannungsänderung, die durch die eingestrahlte Leistung bei konstantem Stromfluß entsteht. Geht man davon aus, daß man den Bolometerwiderstand mit Strömen speist, die klein genug sind, um das Excess-Rauschen im Vergleich zum Widerstandsrauschen nicht in den Vordergrund zu bringen, so ergibt sich die Rauschspannung zu

$$\tilde{u}_{Rn} = \sqrt{4kTR_B\Delta f} \tag{6.1}$$

Entsprechende Zahlenwerte liegen bei $4*10^{-9}$ V für Innenwiderstände von 1 kΩ und eine Meßbandbreite von 1 Hz. Diese Spannung entspricht laut Gleichung 1.46 einer Temperaturänderung von

$$\Delta T = \frac{\tilde{u}_{Rn}}{I_B * R_B * \alpha_B}. \tag{6.2}$$

Für eingeprägte Ströme um 1 mA ist das Excess-Rauschen noch nicht die dominierende Rauschgröße /35/. Mit diesem Wert ergeben sich nachweisbare Temperaturänderungen von 1.5 μK. Dies entspricht bei einem thermischen Widerstand von R_{th} = 2100 K/W und einem Absorptionswirkungsgrad von α_s = 0.998 einer äquivalenten eingestrahlten Leistung von 7 nW.

Wird in diese Überlegungen nun der vorgeschaltete Filter einbezogen, so gilt zu bedenken, daß, wie bereits im Kapitel 1 gezeigt wurde, das Fabry-Perot-Interferometer im betrachteten Wellenlängenintervall vieldeutig ist. Bei der Abschätzung der minimalen Leistungsnachweisgrenze spielt diese Vieldeutigkeit eine große Rolle. Jeder Transmissionspeak in der Filtercharakteristik läßt einen gewissen Spektralbereich passieren, der breitbandig absorbiert, zu einer wellenlängenunabhängigen Temperaturerhöhung der Detektorfläche und somit zu einer Ausgangssignaländerung führt.

Die durch das Filter transmittierte Intensität ergibt sich laut Gleichung 1.9 zu:

$$I_T = \left[1 - \frac{A}{1-R}\right]^2 \left[\frac{1}{1 + 4R/(1-R)^2 \sin^2((\varphi + \varepsilon)/2)}\right] \tag{6.3}$$

Die transmittierte Intensität ist, abgesehen von den technologisch eingestellten Parametern, vom Resonatorabstand d' und der Wellenlänge λ abhängig. Es müssen nun aber die in das Filter eingestrahlte Intensität und die Transmission durch die Antireflexbeschichtung, beide Größen in aller Regel stark wellenlängenabhängig, berücksichtigt werden. Von Interesse ist hier die Gesamtintensität bei einem Spiegelabstand d'. Diese wird durch folgendes Integral beschrieben:

$$I_{T,ges} = \int_0^\infty I_{Quelle} * I_{T,Antireflex} * I_T \, d\lambda \tag{6.4}$$

Durch das Design der Antireflexschichten ist deren Transmission außerhalb des Spektralbereichs von $\lambda = 2$ bis 8 μm nahezu Null, so daß die Integration in diesen Intervallgrenzen erfolgen kann. Geht man von oben entworfener Struktur aus, die von einem Temperaturstrahler mit einem Emissionsfaktor von $\varepsilon = 0.8$ bei einer Temperatur von 600°C gespeist wird und einen Abstand der emittierenden Fläche von ca. 3 mm zum Sensor hat, so läßt sich das Integral aus Gleichung 3.21 numerisch lösen. In Bild 6.6 ist die am Detektor meßbare Signalspannung über dem Spiegelabstand dargestellt.

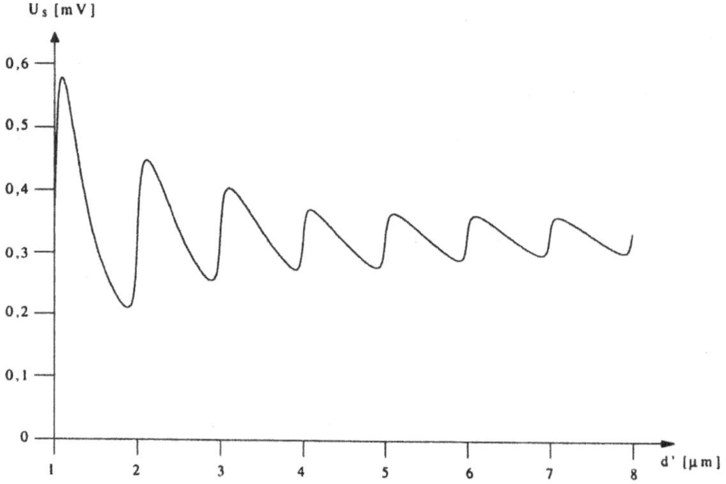

Bild 6.6: Signalspannung über dem Spiegelabstand d'

Die sehr charakteristische Form resultiert aus der Tatsache, daß bei einem Spiegelabstand von 1µm nur ein Transmissonspeak im Nutzspektralbereich liegt. Für zunehmenden Spiegelabstand wird dieser Peak breiter, somit die resultierende Spannung zuerst größer, um dann durch die erhöhte Absorption der Spiegel bei größeren Wellenlängen stark abzunehmen. Pro Mikrometer schiebt sich ein weiterer Peak in das Nutzspektrum, so daß die Signalspannung wieder steigt. Da jeder neue Peak schmaler ist als der vorherige, nimmt die Sensorspannung gemäß einer 1/x-Kurve an Wert ab.

Kapitel 7

7. Technologie und Herstellung

In den vorherigen Kapiteln sind die zu realisierenden optimalen Schichten und deren Dicken für eine bestmögliche Nachweisgrenze bestimmt worden. Die technologische Realisierbarkeit solcher Schichten ist zum Teil auf verschiedene Weise, zum Teil aber auch gar nicht möglich. Im Folgenden wird für die wesentlichen Bestandteile des Infrarot-Sensors, nämlich die Silizium-Membran, die Silizium-Mulden, die Spiegel, den Infrarot-Detektor wie auch für die Antireflexschichten die notwendige Technologie beschrieben. Im Anschluß ist ein kompletter Technologiedurchlauf zur Herstellung eines Infrarot-Sensors, wie er dem letzten Entwicklungsstand entspricht, dargestellt.

7.1. Silizium-Membranen

Das wichtigste Element des Infrarot-Sensors ist die dünne Silizium-Membran, da sie die größte Zahl an Funktionen übernimmt. Im Gegensatz zur Herstellung von integrierten Schaltungen, wo nur die oberflächennahen Bereiche einer Siliziumscheibe bis zu einer maximalen Tiefe von wenigen Mikrometern bearbeitet werden, muß bei der Herstellung einer Siliziummembran eine dreidimensionale Strukturierung des Siliziums über die gesamte Scheibendicke hinweg erfolgen. Dies wird durch anisotropes, naßchemisches Ätzen erreicht. Die Anisotropie setzt Silizium mit einer Kristallrichtung von <100> voraus. Dieses ergibt rechtwinkelige Strukturen parallel zu den <110>-Ebenen und bildet mit der <111>-Ebene Flankenwinkel von 54,7° aus. Alle bekannten anisotropen Ätzlösungen für Silizium sind basisch. Hierzu zählen vor allem die Alkalilaugen Kaliumhydroxid KOH und Natriumhydroxid NaOH. Weniger verbreitet sind Litiumhydroxid LiOH und Ammoniumhydroxid NH_4OH. Die zweite sehr wichtige Gruppe von Ätzlösungen beinhaltet Mischungen aus Ethylendiamin und Wasser mit Beigaben von Brenzkatechin und Pyrazin (kurz EDP für Ethylendiamin-Pyrocatechol), sowie Hydrazin und Wasser. /59/

Im weiteren Verlauf wird von Ätzstop-Mechanismen die Rede sein. Unter Ätzstop soll hier eine starke Reduzierung der Ätzrate verstanden werden, einen völligen Ätzstop im Sinne des Wortes gibt es nicht. Vielmehr ist ein hohes Verhältnis der Ätzraten verschiedener Materialien notwendig (Selektivität), um einen Ätzstop zu erhalten.

Zur Erzeugung einer Silizium-Membran muß ein Ätzstop-Mechanismus vorgesehen werden, der an einer vorbestimmbaren Schicht einsetzt. Dies ist notwendig, da die Ätzrate von Silizium so stark variiert, daß bei durchschnittlichen Scheibendicken von ca. 570-680 µm ein Stoppen der Ätzung bei ca. 2 µm durch reine Zeitbegrenzung unmöglich ist. Weiterhin würde die typische schuppenförmige Oberflächenrauheit der mit Alkalilaugen naßchemisch geätzten Siliziumscheiben, wie sie in Bild 7.1 zu sehen ist, die Symmetrie der mechanischen Eigenschaften nachteilig stören.

Bild 7.1: Schuppenförmige Ätzfront bei Strukturierung mit KOH

Die Ätzrate ist stark abhängig von der Ätzbadtemperatur, der Konzentration der Ätzlösung, der Silizium-Kristallorientierung und der Dotierung des Siliziums. Als lateraler Ätzstop wird die Anisotropie der Ätzrate bezüglich der Kristallorientierung herangezogen. Als vertikaler Ätzstop sind zwei unterschiedliche Mechanismen bekannt.

Zum einen wird eine Epischicht gewachsen, die sehr stark mit Bor dotiert ist. Ab einer Dotierung von $1*10^{19}$ $1/cm^3$ läßt sich eine Ätzratenabnahme feststellen, die dann sehr stark zunimmt für höhere Borkonzentrationen ($N_A > 1*10^{20}$ $1/cm^3$). Die Ätzrate verringert sich je nach Ätzkonzentration und Temperatur bis zu einem Promille des ursprünglichen Wertes. Da die Größe des Boratoms (r_B = 1,17 Å) um ca. den Faktor 0.8 kleiner ist als die Größe des Siliziumatoms (r_{Si} = 1,46 Å), entsteht durch eine so hohe Dotierung, wie sie für den Ätzstop notwendig ist, eine starke Zugspannung. Man kann diese durch gezielte Zugabe von Germanium (r_{Ge} = 1,52 Å) verringern bzw. sogar in eine Schubspannung umwandeln. Schichten mit einer Dotierung von $N_{A,B} = 1*10^{20}$ $1/cm^3$ und einer gleichzeitigen Konzentration von Germanium von $N=1,1*10^{21}$ $1/cm^3$ zeigen keinerlei mechanische Spannungen. Die Zugabe von Germanium allein reduziert die Ätzrate nicht. Auch zeigt die Ätzrate keine meßbare Abweichung für Bor/Germanium-Epischichten im Vergleich zu reinen Bor-Epischichten, was belegt, daß die mechanischen Spannungen nicht für den Ätzstop verantwortlich sind. Vielmehr steigt die Aktivierungsenergie an der Bor-Epischicht stark an. Mit Phosphor dotiertes Silizium zeigt für noch höhere Konzentrationen einen Rückgang der Ätzrate um den Faktor 5, ein Effekt, der jedoch in der Praxis nicht ausnutzbar ist. /25/

Zum anderen kann ein diffundierter pn-Übergang als Ätzstop eingesetzt werden. Dazu wird ein entsprechendes Dotierungsprofil erzeugt und die sich ergebende Diode in Sperrichtung betrieben. Zusätzlich wird ein inertes Metall, z.B. Platin, in einigen Millimetern Entfernung parallel zur zu ätzenden Oberfläche als Gegenelektrode in die Ätzlösung gebracht. Stark vereinfacht dargestellt, funktioniert dieser Ätzstop folgendermaßen: Durch geschicktes Anlegen, Messen und Nachregeln von Sperrspannung und Potential zwischen Ätzoberfläche und Gegenelektrode ändert das elektrische Feld zwischen Gegenelektrode und Ätzoberfläche bei Erreichen der Raumladungszone seine Richtung. Dadurch werden die beim Ablaufen der Ätzreaktion entstehenden Reaktionsprodukte nicht mehr entfernt, und die sich vermehrt anlagernden OH^--Ionen wirken nicht mehr ätzend, sondern reagieren mit der Silizium-oberfläche zu einer passivierend wirkenden Siliziumdioxidschicht./38 /

Ersteres Verfahren hat den Vorteil, daß sich die Membranspannung gezielt einstellen läßt und sich der Ätzaufbau sehr einfach gestaltet. Nachteilig wirkt sich die nötige hohe Dotierung aus, die eine Integration aktiver Bauelemente ausschließt. Weiter wirkt sich die Dotierung auch auf die optischen Eigenschaften aus, worauf im folgenden Kapitel noch näher eingegangen wird. Als letztes sei noch auf den technologisch wesentlich höheren Aufwand bei der Gasphasenepitaxie zur Schichtabscheidung im Vergleich zur einfachen Diffusion hingewiesen /53/.

Das zweite Verfahren hat den Vorteil, daß die Diffusion eines pn-Übergangs ein Standardprozeß ist. Damit können hier alle aktiven Elemente wie bei üblichen integrierten Schaltungen hergestellt werden. Nur zum Prozeßabschluß wird noch ein naßchemisches Tiefenätzen angehängt. Diesem Vorteil steht ein sehr hoher Aufwand beim Ätzaufbau gegenüber. Es müssen die Scheibe im Ätzhalter kontaktiert, die Kontakte und Zuleitungen vor der Ätzlösung geschützt werden. Es ist ein Potentiostat notwendig, ebenso die Gegenelektrode und eine komplizierte Bezugselektrode zur Kontaktierung der Ätzlösung. Ein den hohen Aufwand noch überwiegender Nachteil ist die Tatsache, daß der Ätzstop einsetzt, sobald der pn-Übergang an den vier Kanten zur Ätzlösung freiliegt. Dadurch werden noch dickere Stellen in der Mitte der Membran nicht abgeätzt. Die so strukturierten Membranen sind spannungsfrei, das heißt in der Praxis, sehr schlaff.

Im Rahmen dieser Arbeit wurden beide Verfahren erfolgreich in unserem Labor durchgeführt. Allerdings können keine eigenen Epischichten mit den nötigen Bordotierungen hergestellt werden. Deshalb wurde hier auf Scheiben des Fraunhofer-Instituts in Berlin zurückgegriffen. Die genaue Prozeßfolge wird später in diesem Kapitel ausführlich beschrieben.

Zur Maskierung der Siliziumoberfläche an den Stellen, an denen die Ätzlösung nicht angreifen darf, wird vor allem Siliziumdioxid (SiO_2) oder Siliziumnitrid (Si_3N_4) verwendet, da Photolacke allgemein bei höherer Temperatur nicht gegen Lauge langzeitbeständig (5-8 Std.) sind. Hier ist es sehr wichtig, daß dichte, ätzbeständige Schichten abgeschieden werden können. Hierbei wurden verschiedene Prozeßtechniken untersucht. Zum einen wurde thermisches Trocken- als auch Naßoxid erzeugt, andererseits wurden Siliziumdioxid- und Siliziumnitridschichten in einem Sputterreaktor abgeschieden. Die zur Maskierung notwendige Schichtdicke war bei dem Sputterprozeß materialunabhängig ungefähr um den Faktor 10 höher als bei thermisch gewachsenen Schichten. Trockenoxid wies bei 80 nm bereits ausreichende Maskierung auf, Naßoxid erst bei etwa 240 nm, wobei das Naßoxidwachstum um ungefähr den Faktor 10 größer ist, bei ansonsten gleichen

Rahmenbedingungen. Allerdings kann thermisch gewachsenes Oxid nur dann verwendet werden, wenn keine Gefahr besteht, daß bei Prozeßtemperaturen um die 1000°C Diffusionsprofile zerfließen. Die Strukturierung der Siliziumdioxid- und Siliziumnitridschichten zur Freilegung der zu ätzenden Oberfläche wird in einem Plasmaasher mit Freon als Prozeßgas durchgeführt.

Als anisotrope Ätzlösung wurde Kaliumlauge verwendet. Die Entscheidung für diese Ätzlösung wurde durch zwei wesentliche Gesichtspunkte geprägt. Die Beschreibung von Kalilauge als Ätzlösung ist in der Literatur sehr weit verbreitet. Zum anderen ist Kalilauge im Gegensatz zu beispielsweise EDP eine gesundheitlich unbedenkliche Ätzlösung, die Handhabung dadurch wesentlich vereinfacht.

7.2. Silizium-Mulden

Die Siliziummulden müssen in erster Linie minimale Oberflächenrauhigkeit und über der gesamten Fläche gleichmäßige Tiefe aufweisen. Bei optischen Komponenten wird in der Regel eine Oberflächenrauhigkeit von kleiner 1/10 der Arbeitswellenlänge gefordert. In diesem Fall bedeutet dies eine maximale Rauhigkeit kleiner 100 nm. Da die Gleichmäßigkeit der Ätztiefe direkt in die Abstandsregelung eingeht, ist hier eine möglichst geringe Abweichung anzustreben.

Die Siliziummulden wurden anfänglich in einem Plasmaasher mit Freon als Prozeßgas strukturiert. Dabei wurden je nach Partialdruck in der Prozeßkammer und Plasmaleistung Ätzraten zwischen 55 und 1200 nm/min festgestellt. Als Ätzmaskierung diente Fotolack, der bei 200°C ausgehärtet worden ist. Dieser kann nach Abschluß des Ätzvorganges im selben Gerät mit einem Sauerstoffplasma entfernt werden. Bild 7.2 zeigt eine REM-Aufnahme einer derart strukturierten Mulde. Man erkennt eine starke Kantenrauhigkeit, die auf die Funktionalität des Sensors jedoch keine Auswirkung hat. Die Oberflächenrauhigkeit liegt im Bereich von ca. 300 - 500 nm. Weiterhin wurde ein unterschiedlicher Ätzabtrag über der Scheibe festgestellt. Diese negativen Erfahrungen führten zur Entwicklung einer anderen Technologie.

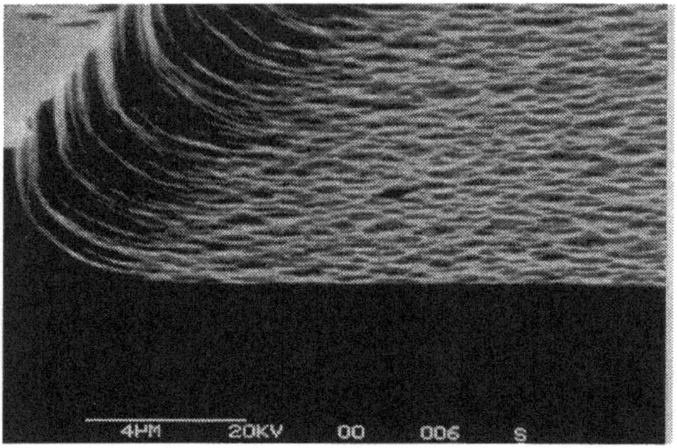

Bild 7.2: Oberflächenrauhigkeit von mit einem Freonplasma geätzten Silizium

In einem RIBE (Reaktive Ion Beam Etching)-Reaktor wurden Silizium-Scheiben mit Chlor als Prozeßgas strukturiert. Bild 7.3 zeigt eine REM-Aufnahme einer so geätzten Oberfläche. Man erkennt deutlich die bei dieser Ätzung üblichen Gräben. Im Rahmen des Auflösevermögens unseres REM war keine Oberflächenrauhigkeit erkennbar.

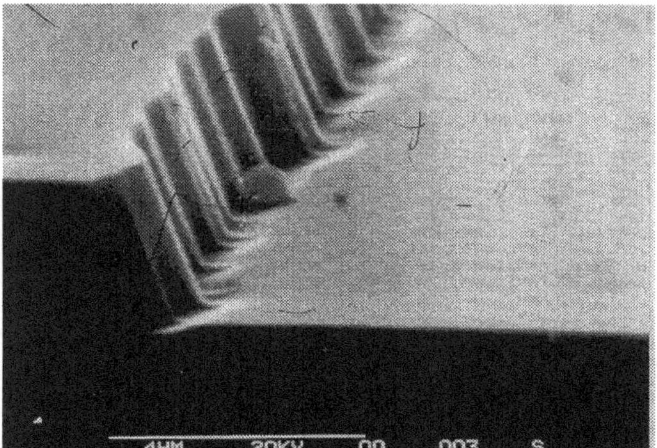

Bild 7.3: Oberflächenrauhigkeit von mit einem RIBE-Reaktor geätztem Silizium

Diese Technologie birgt aber andere Probleme in sich. So ist der Photolack gegen den sehr harten Ionenstrahl nicht sonderlich resistent. Um eine 10 µm tiefe Mulde zu ätzen, müssen 36 µm Photolack aufgetragen werden. Dieser wird auch bei 200°C ausgeheizt. Durch den Beschuß mit Ionen vernetzt der Lack so sehr, daß ein Ablösen mit den üblichen Lösungsmitteln (Azeton oder Remover) nicht mehr möglich war. Erst mit einer Lösung bestehend aus 1 Teil H_2O_2, 30%-ig, unstabilisiert, 1 Teil NH_4OH 27%-ig und 5 Teilen deionisiertem Wasser bei 85°C ließen sich die Photolackreste entfernen. Weiterhin haften an der geätzten Oberfläche noch Chlormoleküle und -radikale, so daß sofort nach dem Ätzvorgang die Oberfläche chemisch deaktiviert werden muß. Dies geschieht am besten in heißem, deionisierten Wasser. Die Ätzrate beträgt 60 nm/min.

Dieser Prozeß bietet die Möglichkeit, die Silizium-Mulde und die Silizium-Membran durch Silicon-Bonding miteinander zu verbinden, da beide Oberflächen aus Silizium bestehen. Dies ist ein recht neues Verfahren, das uns aber leider noch nicht zur Verfügung steht. Dennoch sollte die Möglichkeit dazu prozeßtechnisch nicht von vornherein aufgegeben werden.

Ein wesentlich einfacheres und weniger zeitaufwendiges Verfahren kann angewendet werden, wenn man Silicon-Bonding nicht vorsieht. Dann ist es nicht notwendig, eine Siliziumoberfläche für den Bondprozeß zur Verfügung zu haben. Die Scheibe wird einfach belackt, wobei die Lackdicke durch die Lacktemperatur, die Drehzahl und die Ausheiztemperatur in sehr weiten Grenzen (einige 100 nm bis etliche 10µm) eingestellt werden kann. Anschließend wird durch einen Photoprozeß die Mulde hergestellt. Dieses Verfahren bietet die bestmögliche Oberflächenbeschaffenheit. Weiterhin sind am wenigsten Prozeßschritte zur Herstellung nötig und somit ist der Prozeß am schnellsten. Allerdings löst sich die Lackschicht bei Kontakt mit Lösungsmitteln auf.

7.3. Spiegel

Wie bereits in Kapitel 1 gezeigt, müssen die Spiegel eines Fabry-Perot-Interferometers exakt definierte Transmissions-, Reflexions- und Absorptionseigenschaften aufweisen. Dies kann mit multilayer-dielektrischen Schichten erreicht werden. Eine andere Möglichkeit ist das Aufbringen sehr dünner Metallschichten. Dies hat den Vorteil des einfachen Schichtaufbaus, obgleich die Prozeßführung zur Herstellung gleichmäßiger, reproduzierbarer Schichten im

Bereich von ca. 100 Å nicht als trivial anzusehen ist. Weiter gehen in die optische Charakteristik bei so dünnen Schichten die Eigenschaften des Bulkmaterials mit ein.

Die Herstellung von multilayer-dielektrischen Spiegeln ist nur dann reproduzierbar möglich, wenn während des Aufdampfprozesses die optischen Parameter im interessierenden Spektralbereich in situ gemessen werden können. Diese Möglichkeit besteht am Lehrstuhl nicht, weshalb auf dieses Verfahren verzichtet wurde.

Die Theorie dünner Schichten ist in vielen Abhandlungen erörtert /11/ /21/ /43/. Als Spiegelmaterial bieten sich im Infraroten verschiedene Materialien an. Die optischen Eigenschaften hängen dabei von der Schichtdicke und der Nutzwellenlänge ab. Auch der Herstellungsprozeß beeinflußt die sich ergebenden Parameter.

Platin bietet den Vorteil, sehr stabil zu sein, keine Oxide auszubilden und gegen alle bekannten Säuren und Laugen inert zu sein. Allerdings erreicht es auf Silizium nur einen maximalen Reflexionswert von $R = 0{,}6$ bei einer Schichtdicke von 500 Å. Die Transmission beträgt bei dieser Schichtdicke nur mehr $T = 0.01$ ($\lambda = 4\ \mu m$). Somit erfüllt Platin die in Kapitel 1 dargestellten Forderungen hoher Reflexion bei gleichzeitig kleiner Absorption nicht /69/.

Gold ist ähnlich stabil, wird aber von Königswasser angegriffen. Es erreicht im Vergleich zu Platin nur noch kleinere Reflexionswerte. Das Maximum der Reflexion liegt mit einem Wert von $R = 0.5$ bei einer Schichtdicke von 900 Å ($\lambda = 4{,}5\ \mu m$). Bei dieser Schichtdicke ist die Transmission weit unter 0.1%. Somit scheidet auch Gold als Spiegelmaterial aus./61/

Silber ist weniger inert und bildet rasch Silberoxidschichten aus. Es erreicht bei einer Materialstärke von 300 Å sein Maximum der Reflexion mit $R = 0{,}3$. Dieser sehr niedrige Wert ist dennoch interessant, da die Transmission bei dieser Schichtdicke $T = 0{,}18$ beträgt ($\lambda = 2{,}65\ \mu m$). Dies führt zu einem Kontrast $I_{T,max}$-$I_{T,min}$ von etwa 0,046./49/

Am geeignetsten erweist sich Aluminium, das bei dünnen Schichten eine sehr geringe, nahezu wellenlängenunabhängige und von der Schichtdicke nur gering abhängige Absorption aufweist. Somit ist das Verhältnis von Reflexion zu Transmissons in weiten Bereichen frei durch Variation der Schichtdicke einstellbar. Bei 100 Å Aluminium auf Silizium nimmt die

Reflexion einen Wert von R = 0,85 bei einem Transmissionswert von T = 0,05 an. Bei 50 Å Schichtdicke ergibt sich R zu 0,12 und T zu 0,6 (λ = 6 µm). Allerdings bildet Aluminium sehr schnell ein dünnes Oxid an der Oberfläche aus, das aber die optischen Eigenschaften nicht nachhaltig stört und mechanisch sehr gut haftet. Eine Schichtdickenreduzierung ist somit auch auf lange Zeit hin nicht zu erwarten. Der Kontrast erreicht den Wert 0,11./17/

Generell kann man sagen, daß eine niedrige Wachstumsrate sich positiv auf die Absorption auswirkt, diese sich also verringert.

Nicht unbeachtet soll die Möglichkeit bleiben, kein besonderes Spiegelmaterial aufzubringen. Dann wirkt nur der hohe Brechungsindexsprung von Luft (n ≈ 1) zu Silizium (n ≈ 3,42) als reflektionsbestimmende Größe. Es tritt keine Absorption auf. Dies führt zu einem Reflexionsfaktor von

$$R = \left(\frac{n_{Si} - n_{Luft}}{n_{Si} + n_{Luft}} \right)^2 \approx 0{,}3$$

Damit ergibt sich die Transmission zu T = 0,7. Ein solches Filter mit unbeschichteten Siliziumoberflächen weist somit einen Kontrast von $I_{T,max}$-$I_{T,min}$ = 0.71 auf.

7.4. Antireflexschichten

So leicht zunächst die Aufgabe zu sein scheint, eine dielektrische Schicht auf Silizium aufzubringen, so anspruchsvoll wird sie, wenn man die Anforderungen betrachtet, die an eine derartige Schicht gestellt werden. Die Schichtdicke muß exakt eingehalten werden, um eine effiziente Entspiegelung zu erreichen. Die Schichten müssen verdampfbar sein, dürfen während des Abscheidevorganges ihre optischen Eigenschaften nicht verändern und müssen auf dem Substrat beziehungsweise auf der Vorgängerschicht haften. Weiterhin werden, wie im vorherigen Kapitel berechnet, erhebliche Schichtdicken gefordert, was an die Aufdampfquelle entsprechende Kapazitätsanforderungen stellt.

7.5. Kompletter Technologiedurchlauf

Im folgenden Abschnitt wird ein Technologiedurchlauf mit allen Einzelschritten zur Herstellung eines Silizium-Infrarot-Detektors mit integriertem Platin-Bolometer als Detektor beschrieben.

Ausgangsmaterial für beide Teile des Sensors sind Wafer mit 100 mm Durchmesser. Die Scheiben für die Membranherstellung sind beidseitig poliert und bereits mit einem entsprechenden Ätzstop-Epilayer auf der Vorderseite und einer beidseitigen 50 nm dicken LPCVD-Nitridschicht versehen. Die Scheiben für das Gegenstück sind einseitig poliert, ca. 525 µm dick und besitzen keinen Epilayer, sondern sind durchgehend undotiert (ρ = 5-25 Ωcm).

Alle verwendeten Säuren, Laugen und sonstigen Chemikalien sind am Ende dieses Kapitels in ihrer Zusammensetzung aufgeführt.

7.5.1. Membranscheiben

Vereinzeln:

Die Scheiben werden mit einer Diamantsäge in 20*20 mm² große Scheibchen vereinzelt. Die Scheibenstückchen werden anschließend zuerst mit Stickstoff abgeblasen, um Sägestaubreste zu entfernen.

Entfetten:

Die Scheiben werden, um völlige Fettfreiheit für den nachfolgenden Photoprozeß zu erreichen, in folgenden Lösungen gereinigt:

Trichlorethylen	15 min.	kochend
Azeton	15 min.	kochend
Isopropanol	15 min.	kochend
DI-Wasser	15 min	kochend
DI-Wasser	3 min	kalt

Vorderseitennitrid entfernen:

Das Entfernen des LPCVD-Nitrids auf der Scheibenvorderseite mittels Plasmaasher hinterließ Schlieren, die nicht zu beseitigen waren. Deshalb wird jetzt gepufferte Flußsäure verwendet. Die lange Ätzzeit von 55 min bedingt einen speziellen

Belackungsprozeß für die zu schützende rückseitige Nitridschicht:

Photoprozeß:

Scheiben ausheizen	30 min.	200 °C

Primer auftropfen, 10 sec. einwirken, 30 sec. bei 3000 U/min abschleudern

Photolack S1400-31 auftropfen, 30 sec. bei 3000 U/min abschleudern

Ausheizen bei 95°C für 3 min.

Aushärten bei 115°C für 5 min

Den Belackungsvorgang inklusive Primer und Aushärten 3 mal wiederholen.

Ätzprozeß:

Gepufferte Flußsäure	ca. 55 min.	kalt

Optische Kontrolle für veränderte Oberflächenbenetzung leicht möglich.

DI-Wasser	1 min.	kalt
DI-Wasser	1 min.	kalt
DI-Wasser	1 min	kalt

Photolack ablösen:

Azeton	1 min	kochend
Isopropanol	1 min	kochend
DI-Wasser	1 min.	kochend
DI-Wasser	1 min.	kalt
DI-Wasser	1 min	kalt

Scheibenreinigung:

Jetzt erfolgt der eigentliche Reinigungsprozeß der Scheiben. Die Reinigung in kochendem Trichlorethylen, Azeton und Isopropanol erwies sich als nicht ausreichend, weshalb auf das RCA-Reinigungsverfahren übergegangen wurde, was zu einer wesentlichen Verbesserung führte.

Das RCA-Reinigungsverfahren ist ein Zweistufenprozeß, dessen erste Stufe alkalisch gegen organische Verschmutzungen und die Metalle Kupfer, Silber, Nickel, Kobalt und Cadmium wirksam ist. Der zweite Schritt ist sauer und beseitigt Schwermetalle, vor allem Silber, Gold, Kobalt, Kupfer, Chrom, Eisen, Magnesium, Natrium, Niob, Nickel, Blei, Tellur und Wolfram:/59/

Reinigungslösung 1:	15 min	80 °C

Reinigungslösung 2:	15 min	80 °C
Spülen 1 in DI-Wasser:	3 min	80 °C
Spülen 2 in DI-Wasser:	3 min	
Spülen 3 in DI-Wasser:	3 min	

Isolierschicht:

Im nächsten Schritt wird die Scheibe mit einer 200 nm dicken Siliziumdioxidschicht besputtert. Da die Spiegelparameter auch vom Bulkmaterial abhängen, muß die Spiegelfläche von Oxid freigehalten werden. Dies geschieht mit einem Lift-Off-Prozeß. Bei diesem werden die Stellen, an denen kein Material stehen bleiben darf, mit Photolack bedeckt. Dann wird das gewünschte Material abgeschieden. Jetzt wird der Photolack mit einem geeigneten Lösungsmittel wie zum Beispiel Azeton, entfernt. Dabei hebt sich auch die Schicht über dem Photolack ab. Für diese Art von Photoprozeß eignet sich ein „image reversal Lack" am besten. Für die vorliegende Arbeit fand der Lack AZ 5218 e der Firma Höchst Verwendung.

<u>Photoprozeß:</u>

Scheiben ausheizen 30 min. 200 °C

Primer auftropfen, 10 sec. einwirken, 30 sec. bei 3000 U/min abschleudern

Photolack auftropfen, 30 sec. bei 3000 U/min abschleudern

Ausheizen bei 95°C für 5 min.

Mit Maske 8 sec. belichten

Ausheizen bei 115°C für 2 min.

Ganzflächig belichten 20 sec.

Entwickeln:

<u>Sputterprozeß:</u>

Silizium-Target, 20 sccm Argon, 2 sccm Sauerstoff, $8*10^{-3}$ mbar Kammerdruck, 200 W Sputterleistung, 6 min

<u>Lift-Off-Prozeß:</u>

In warmem Azeton einweichen, bis die Schichten abgehoben haben

In warmem Azeton spülen

Isopropanol	1 min	kochend
DI-Wasser	1 min.	kochend

DI-Wasser	1 min.	kalt
DI-Wasser	1 min	kalt

Detektor:

Im nächsten Schritt wird der integrierte Detektor realisiert. Dazu muß Platin abgeschieden werden. Dies kann entweder mit einem Elektronenstrahlverdampfer oder aber in einem Sputterreaktor geschehen. Zu Beginn dieser Arbeit war noch kein Sputterreaktor verfügbar, so daß mit einem Elektronenstrahlverdampfer gearbeitet werden mußte. Dies ist aufgrund der Vakuumanlage ein sehr zeitraubender Prozeßschritt. Deshalb wurde sofort auf den Sputterreaktor umgestellt, als dieser verfügbar wurde. Damit dauert Prozeß vom Einbau bis zum Ausbau der Scheibe ca. 1 Std.

Platin haftet selbst sehr schlecht auf Siliziumdioxid. Deshalb mußte ein Haftvermittler eingebracht werden. Dazu wurde erst Titan verwendet. In dem Sputterreaktor kann auch Tantal abgeschieden werden, was noch bessere Haftungseigenschaften ergab.

Da Platin sich naßchemisch nicht und trockenchemisch nur sehr schlecht strukturieren läßt, muß auch hier mit einem Lift-Off-Prozeß gearbeitet werden.

Sputterprozeß:

Tantal-Target, 10 sccm Argon, $3*10^{-3}$ mbar Kammerdruck, 25 W Sputterleistung, 1 min

Platin-Target, 10 sccm Argon, $3*10^{-3}$ mbar Kammerdruck, 50 W Sputterleistung, 5,5 min

Plattenkapazitäten:

Jetzt werden die vier Plattenkapazitäten abgeschieden. Hierzu wird Aluminium aufgrund der hohen Leitfähigkeit benutzt. Aluminium ist naßchemisch gut strukturierbar, dennoch wurde hier auch mit einem Lift-Off-Prozeß gearbeitet, da die Scheiben nach dem naßchemischen Aluminiumätzprozeß nicht ganz so sauber waren, wie nach dem Lift-Off-Prozeß. Aluminium kann in einem Widerstandsverdampfer abgeschieden oder aber auch gesputtert werden. Hier wird je nach Anlagenauslastung zwischen beiden Verfahren gewechselt. Aluminium haftet auch ohne Haftvermittler auf Siliziumdioxid sehr gut. Somit kann hier auf eine Zwischenschicht verzichtet werden.

Sputterprozeß:

Aluminium-Target, 10 sccm Argon, $5*10^{-3}$ mbar Kammerdruck, 40 W Sputterleistung, 8 min

Aufdampfprozeß:

Aluminium, 200 nm, 20-25 Å/s, Kammerdruck < $5 * 10^{-6}$ mbar

Schutzschicht:

Um die Scheibenoberfläche bei den nachfolgenden Schritten zu schützen, wird sie mit 100 nm Siliziumdioxid abgedeckt. Nur die Bondflächen und die Spiegeloberfläche bleiben offen liegen. Dies verhindert sehr effektiv eine mechanische Beschädigung, vor allem bei der anisotropen Tiefenätze als auch bei der Sensormontage. Auch dieser Prozeß wird mit dem Lift-Off-Verfahren durchgeführt:

Sputterprozeß:

Silizium-Target, 20 sccm Argon, 2 sccm Sauerstoff, $8 * 10^{-3}$ mbar Kammerdruck, 200 W Sputterleistung, 6 min

Spiegel:

Die Spiegel werden als Sputterschicht aufgebracht. Hier wurde ein spezieller Prozeß entwickelt, um 10 nm Aluminium gleichmäßig aufzubringen. Die Sputterrate liegt bei nur 3.3 nm/min, was bedeutet, daß die Schichtdicke noch sehr gut über die Zeit kontrolliert werden kann. Die Strukturierung der Spiegelgeometrie erfolgt in einem Lift-Off-Prozeß. Als Lacklösemittel wurde hier ausschließlich Azeton eingesetzt, da andere Remover die Aluminiumoberfläche sichtlich angegriffen haben.

Sputterprozeß:

Aluminium-Target, 10 sccm Argon, $7 * 10^{-3}$ mbar Kammerdruck, 25 W Sputterleistung, 3 min

Rückseitenfenster öffnen:

Bevor die Membran naßchemisch strukturiert werden kann, muß das Rückseitennitrid an den Stellen, an denen geätzt werden soll, entfernt werden. Dies kann in einem Plasmaasher geschehen. Die freigelegte Siliziumoberfläche zeigt dann zwar auch die in Punkt 3 geschilderten Schlieren, der Ätzangriff ist aber dennoch als gleichmäßig zu bewerten. Hier kann deshalb mit einer einfachen Lackschicht gearbeitet werden. Der Photoprozeß bedarf einer Justage der rückseitigen Ätzöffnung zu der vorderseitig bereits gefertigten Struktur. Als zweckmäßigstes Verfahren erwies sich die Durchleuchtung des Substrates mit Infrarotstrahlung ($\lambda = 1{,}2\mu m$), wobei das im Mikroskop erzeugte Bild mit

einer Infrarot-Fernsehkamera auf einem Monitor dargestellt wird. Durch Abschattung der Strahlung an der Vorderseitenmetallisierung wird die vorderseitige Struktur sichtbar, die Photolackmaske für die rückseitige Fensteröffnung kann somit justiert werden.
Die Abmessungen der Ätzöffnung berechnen sich aus der erforderlichen Membrangröße und einem Anteil, der aus der Dicke des Substrates und dem Ätzwinkel (54.74°) der anisotropen Ätze resultiert.
Plasmaätzprozeß:
Freon, 0,6 mbar Kammerdruck, 3 mal je 1 min. ätzen und 1 min. Pause

Anisotropes Tiefenätzen:

Die verwendete Kalilauge greift nicht nur Siliziumdioxid, sondern auch Metalle (Standard-Ätze für Aluminium) an. Folglich müssen die vorderseitig bereits aufgebrachten Strukturen vor der Kalilauge geschützt werden. Dies geschieht in einem speziellen Ätzhalter, der die Scheibe aufnimmt und mit einem Vitondichtring die Scheibe zum Ätzhalter hin abdichtet. Der Halter ist so konstruiert, daß er mit Stickstoff unter einen leichten Überdruck gesetzt werden kann. Damit werden Kleinlecks, in die die Kalilauge durch Kapilarwirkung hinein gezogen würde, mit Stickstoff durchspült, und so wirksam ein Eindringen von Kalilauge in den Halter verhindert. Bild 7.4 zeigt einen Querschnitt durch den Ätzhalter. Plexiglas erwies sich als sehr resistent gegen Kalilauge und als sehr formstabil, auch bei 85°C Ätzbadtemperatur. Die mechanisch wenig belasteten Teile sind aus Polyacetalharz gefertigt. In den Ätzhalter integriert ist ein kleines Lämpchen, das ein Durchleuchten der Membran ermöglicht. Auf diese Weise ist eine einfache optische Kontrolle über den Ätzfortschritt möglich. Weiterhin sieht man sehr gut, ob der Ätzstop schon gleichmäßig eingesetzt hat, oder ob noch einige zu entfernende Siliziumreste auf der Membran sitzen.

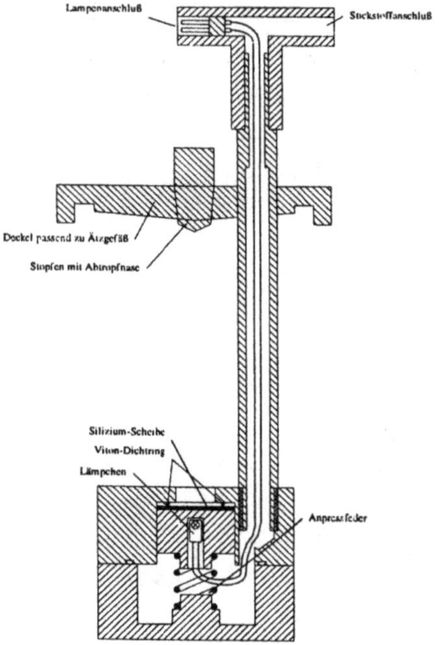

Bild 7.4: Ätzhalter für naßchemische Membranstrukturierung

Für die anisotrope Tiefenätze wurde ein temperaturstabilisiertes Ätzbad aufgebaut. Um sehr glatte Ätzoberflächen zu erzielen, wird anfänglich mit einer hohen Ätzbadtemperatur von 85°C gefahren. Diese wird dann ca. 100 µm vor dem eigentlichen Ätzstop auf 65°C vermindert. Nach weiteren 90 µm wird die Temperatur auf 55°C reduziert, was eine größtmögliche Selektivität ergibt.

Dazu wurde eine Rechnersteuerung entsprechend programmiert, die sowohl die Temperaturrampen vorgibt, als auch den Temperaturverlauf mitprotokolliert, um bei Störungen die Scheibe 'von Hand' fertig ätzen zu können.

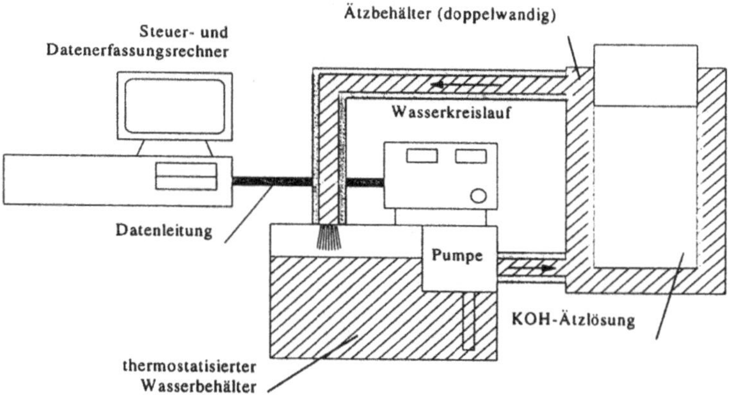

Bild 7.5: Ätzaufbau für naßchemische Membranstrukturierung

<u>Tiefenätzprozeß:</u>

Kalilauge 30%-ig	5 Std.	85°C
Kalilauge 30%-ig	1 Std.	65°C
Kalilauge 30%-ig	1 Std.	55°C
DI-Wasser	3 min.	warm
DI-Wasser	3 min.	kalt

Absorber:

Auf die Membran-Rückseite wird eine breitbandig absorbierende Schwarzgold-Schicht aufgebracht. Dies geschieht mit einem Widerstandsverdampfer, wobei Gold bei vergleichsweise hohem Druck und hoher Leistung verdampft wird. Die Schichtdicke wird mit einem Quarzschichtdickenmeßgerät bestimmt; eine Aussage über die genaue Schichtdicke ist nicht möglich. Vielmehr wird hier nur gewährleistet, eine reproduzierbare Schichtdicke zu erhalten. Strukturiert wird die Schicht bereits während des Aufdampfvorgangs, in dem eine Molybdän-Maske als Blende vor die Scheibe gespannt wird. Der ganze Aufdampfvorgang muß möglichst in einem geschlossenen Volumen stattfinden, da ansonsten die gesamte Prozeßkammer verschmutzt würde. Es wurde ein spezieller Halter konstruiert, der in Bild 7.6 im Schnitt dargestellt ist. Er ist derart aufgebaut, daß während des Evakuierungsvorganges an der Membran kein Druckgradient durch eingeschlossene Hohlräume entsteht, da die Membran sonst zerstört würde.

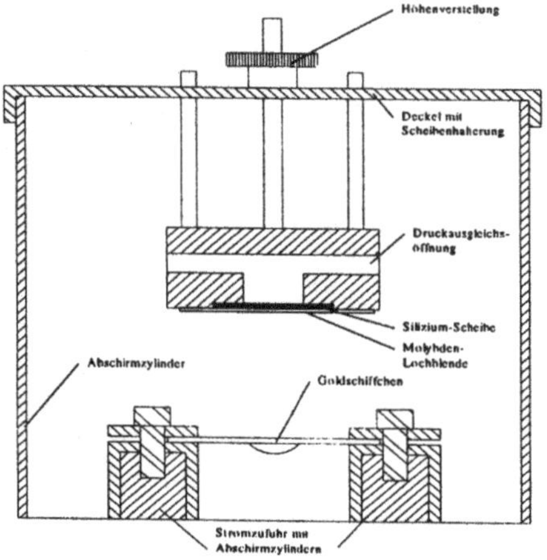

Bild 7.6: Querschnitt durch die Aufdampfeinrichtung

Schwarzgoldprozeß:

Gold, Kammerdruck > 2 mbar, Verdampferstrom 6 A, Prozeßdauer: 1 min.

7.5.2. Muldenscheiben

Vereinzeln:

Ähnlich wie die Membranscheiben werden auch die Muldenscheiben mit einer Diamantsäge in $15*15\ mm^2$ große Stückchen zur Weiterverarbeitung geteilt. Der verbleibende Sägestaub wird mit Stickstoff abgeblasen.

Reinigen, Isolierschicht, Plattenkapazität, Spiegel und Schutzschicht:

Auch hier wird das bereits oben beschriebene RCA-Reinigungsverfahren angewandt. Im Anschluß daran werden die Isolierschicht, die Plattenkapazität, die Spiegel wie auch die Schutzschicht analog zu den Schritten bei der Membranscheibe abgeschieden. Deshalb werden diese Prozeßschritte hier nicht mehr im Einzelnen wiederholt.

Abstand einstellen:

Da ein Silicon-Bonding Prozeß nicht zur Verfügung stand, wurde schließlich die Methode der Trockenätztechnik aufgegeben. Dieses Verfahren funktioniert zwar ausgezeichnet, ist aber wegen der langen Prozeßvorbereitung und -zeit und wegen der anfallenden

Reinigungsschritte im Anschluß nicht konkurrenzfähig zu einem einfachen Photoprozeß. Hierbei muß lediglich beachtet werden, daß der Photolack aufgrund seiner Oberflächenspannung beim Abschleudern am Scheibenrand einen Wulst bildet, der dicker ist, als die Photolackdicke über dem Rest der Scheibe. Dies kann im Maskenlayout berücksichtigt werden, indem man den Rand rund um die Scheibe wegbelichtet. Allerdings bedarf es aufgrund der hohen Schichtdicke am Scheibenrand dazu sehr langer Belichtungszeiten, die Photomaske muß einen entsprechenden Kontrast aufweisen. Die Maskenstruktur wurde so gewählt, daß alle Metallisierungen in den Bereichen abgedeckt wurden, wo dies möglich ist. Es wurden aber Öffnungen zur Membran hin vorgesehen, die einen Volumeneinschluß verhindern. So entsteht kein Überdruck bei der Montage, und während des Betriebs hat man annäherungsweise einen akustischen Kurzschluß, der die 'Mikrophoneigenschaften' der Membran sehr stark vermindert.

Photoprozeß:

Scheiben ausheizen 30 min. 200 °C

Primer auftropfen, 10 sec. einwirken, 30 sec. bei 3000 U/min abschleudern

Photolack STR 1045 auftropfen, 40 sec. bei 3500 U/min abschleudern

Ausheizen bei 95°C für 3 min.

Photolack STR 1045 auftropfen, 40 sec. bei 3500 U/min abschleudern

Ausheizen bei 95°C für 3 min.

Mit Maske mindestens 40 sec. belichten

Entwickeln

Mit Maske mindestens 40 sec. belichten

Entwickeln

Aushärten bei 115°C für 5 min.

Antireflexschichten:

Antireflexschichten dampft man am besten mit einer optischen Schichtdickenkontrolle auf, bei der schon während des Aufdampfprozesses die Reflexion im relevanten Spektralbereich gemessen werden kann. Solch eine Einrichtung steht am Lehrstuhl leider nur im kurzwelligen Spektralbereich von 550-860 nm zur Verfügung. Deshalb wurde hier auf die Schichtdickenmessung mit einer Quarzmikrowaage zurückgegriffen. Durch sehr sorgfältige Prozeßführung konnte auch mit diesem System eine

Schichtdickenreproduzierbarkeit von mehr als 97 % erreicht werden. Dazu muß für jede Schicht ein eigener Quarz verwendet werden, da ansonsten durch die Materialmischung die Quarzmessung erheblich an Genauigkeit verliert. Weiterhin ist sehr wichtig, daß der Quarzmeßkopf auf konstanter Temperatur gehalten wird, da andernfalls die Temperaturabhängigkeit des Quarzplättchens direkt in die Schichtdicke eingeht.
Die laterale Strukturierung erfolgt durch eine dünne Edelstahlblende, die von Schicht zu Schicht eine etwas größere Öffnung aufweist. Dies führt zu überlappenden Schichten. Nur so konnte eine ausreichende Haftung des Antireflexschichtenpakets auf dem Substrat erreicht werden. Ansonsten waren die Spannungen in den Schichten derart hoch, daß diese sich vom Rand her einrollten.

Antireflexbeschichtungsprozeß:

Antimonsulfid: 285,7 nm, 8-10 Å/s, Kammerdruck < 10^{-5} mbar

Siliziummonoxid: 470.6 nm, 3-5 Å/s, Kammerdruck < $5*10^{-6}$ mbar

Kryolith: 601.5 nm, 15-20 Å/s, Kammerdruck < $5*10^{-5}$ mbar

Bei Glühen von Kryolith entsteht Flußsäure. Dies ist bei den Überlegungen zur Prozeßführung mit in Betracht zu ziehen.

7.5.3. Sensormontage und Bonding

Sensormontage:

Für die Sensormontage wurde ein kleines Gerät aufgebaut, mit dessen Hilfe jeweils die Membran als auch die Mulde zu einer Maske justiert werden. Anschließend werden beide

Bild 7.7: Justagevorrichtung zur Sensormontage

Teile pneumatisch angesaugt, die Mulde wird kopfüber in Führungsschienen exakt über der Membran abgesenkt. Beide Teile werden mit wenigen Nadelspitzen Silberleitkleber verbunden. Die Körnung dieses Klebers ist kleiner 1µm, so daß er ohne zusätzlich aufzutragen in die Mulden eingebracht werden kann. Abstandsbestimmend ist somit nach wie vor die Photolackdicke. Der Silberleitkleber verbindet nicht nur mechanisch die zwei Siliziumscheiben, sondern bildet auch einen elektrisch leitenden Kontakt aus, um die Metallisierung in der Mulde von außen erreichbar zu machen. Bild 7.7 zeigt die Justagevorrichtung.

Bonding:

Der fertig montierte Sensor wird in eine IC-Fassung eingeklebt, an deren Boden eine Vertiefung eingearbeitet ist, um eine exakte Lage des Sensors in der Fassung zu gewährleisten. Dies ist nötig, damit die optische Achse der Küvette, die die zu untersuchende Substanz aufnimmt, zentrisch zum Sensor zu liegen kommt. Hierbei dient die Fassung als Referenz.

Gebondet wird mit Aludrähten nach dem Ultraschallbondprinzip. Die Bonds halten auf Oxiden relativ schlecht, weswegen die Anschlußbeinchen mit einem feinen Schleifstift kurz vor dem Bonden gereinigt werden. Teilweise war es auch nötig, die Bondpads mit einem in Alkohol getränkten Wattestäbchen abzureiben.

Bild 7.8 zeigt die realisierte Membranscheibe, Bild 7.9 das entsprechende Gegenstück. Deutlich erkennt man auf der Membran die vier Plattenkapazitäten, das Bolometer und in der Mitte den Spiegel, auf dem Gegenstück sind die Spacer aus Photolack zu sehen.

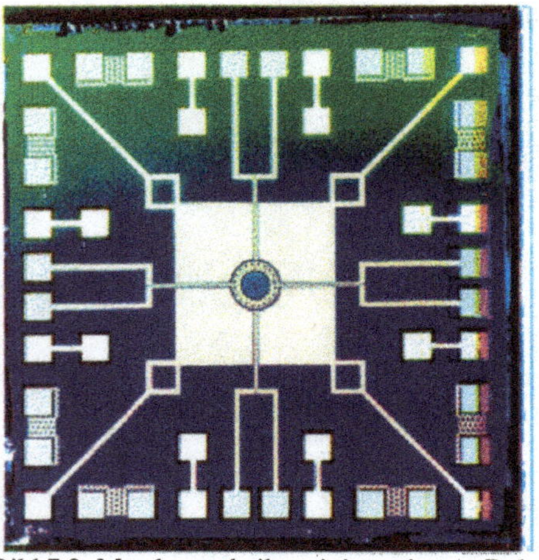

Bild 7.8: Membranscheibe mit integriertem Bolometer und vier Plattenkapazitäten

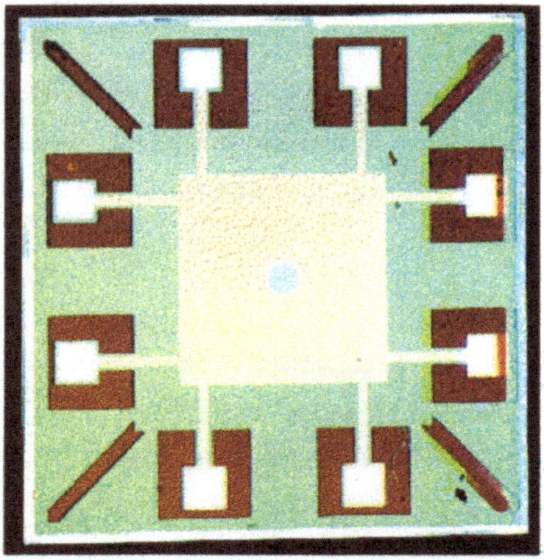

Bild 7.9: Membrangegenstück mit Photolackspacern

Zusammensetzung verwendeter Säuren, Laugen und sonstiger Chemikalien:

Reinigungslösung 1:

5 Teile DI-Wasser

1 Teil H_2O_2, 30%-ig, unstabilisiert

1 Teil NH_4OH 27%-ig

Reinigungslösung 2:

5 Teile DI-Wasser

1 Teil H_2O_2, 30%-ig, unstabilisiert

1 Teil HCl 37%-ig

Kalilauge 30%-ig:

70 g DI-Wasser

30 g KOH-Plätzchen

gepufferte Flußsäure

86 ml Amoniumfluorid

14 ml Flußsäure rauchend

Kapitel 8

8. Elektrische Ansteuerung und Auswertung

Die elektrische Ansteuerung umfaßt den Bereich der Abstandseinstellung und -regelung der Spiegel mittels an die integrierten Plattenkapazitäten angelegter Spannungen, die elektrische Signalauswertung den Bereich der Temperaturmessung. Im folgenden Abschnitt werden das Regelungsprinzip erläutert und der Regelkreis dimensioniert.

8.1. Infrarot-Filter

Die elektrische Ansteuerung des Infrarot-Filters hat die Aufgabe, den Spiegelabstand des Filters einer vorgegebenen Führungsgröße anzupassen. Dabei soll selbständig die Planparallelität des Spiegelpaares eingestellt werden. Dazu sind in den Filter vier Plattenkapazitäten integriert, über die einerseits die zur Spiegelauslenkung nötige Kraft aufgebracht und andererseits der Abstand über die Kapazitätsmessung ermittelt wird.

8.1.1. Prinzip der Regelung

Das Regelungsprinzip der Sensoransteuerung beruht auf der Messung und entsprechenden Nachführung jeder der vier Kapazitäten nach einer gemeinsamen Führungsgröße. Meßgröße ist der Kapazitätswert der einzelnen Plattenkapazität, Stellgröße ist die an die Plattenkapazität angelegte Gleichspannung.

Sind die Fläche und der Kapazitätswert eines luftgefüllten Plattenkondensators bekannt, so kann laut Gleichung 5.8 der Abstand zwischen den Platten bestimmt werden zu:

$$s = \frac{\varepsilon_0 \varepsilon_r * A}{C_A} \qquad (8.1)$$

Andererseits kann durch Anlegen einer Spannung an eine Plattenkapazität eine Kraft laut Gleichung 5.7 aufgebracht werden:

$$F_A = \frac{1}{2}\frac{\varepsilon_0 \varepsilon_r * A}{s} * U^2 \tag{8.2}$$

Sind alle vier Kapazitätsplatten gleich groß, so ist bei gleichen Kapazitätswerten die Membran gleichförmig ausgelenkt und der Spiegel unverkippt. Erwähnenswert ist hier noch, daß bei diesem Sensor das die Meßgröße liefernde und die Stellgröße aufnehmende Element identisch sind. Es muß folglich eine Möglichkeit gefunden werden, die Messung ohne Störung durch die Stellgröße durchführen zu können. Ebensowenig darf die Stellgröße durch die Messung beeinflußt werden.

Die wohl einfachste Möglichkeit, eine Kapazität zu messen, ist mit ihr einen Schwingkreis aufzubauen, in dem sie ein die Frequenz bestimmendes Glied bildet. Der Vergleich mit einer Führungsgröße kann dann in einer Phase-Lock-Loop (PLL)-Schaltung erfolgen. Hierbei ist wichtig, die Oszillatoren möglichst nahe an dem Sensor zu plazieren, um parasitäre Kapazitäten, die das Meßergebnis verfälschen, gering zu halten. Außerdem sind die den Schwingkreis bedämpfenden Serienwiderstände aufgrund der kurzen Leitungslänge dann ebenfalls klein. Die restlichen Elemente der Regelschaltung können weiter weg vom Sensor aufgebaut werden.

Als Oszillatorschaltung findet ein LC-Schwingkreis Verwendung. Dieser zeichnet sich durch seinen steileren Phasengang aus, was sich in einem besseren Regelverhalten in der PLL bemerkbar macht. Die Auswahl der vielen Oszillatorschaltungen wird durch die Tatsache eingeschränkt, daß alle vier Plattenkapazitäten eine gemeinsame Masse besitzen. Dies ist durch die Technologie und Kontaktierungsmöglichkeiten bedingt.

Bei Verwendung einer Oszillatorschaltung muß die Resonanzfrequenz mindestens drei bis vier mal höher ausgelegt werden, als die höchste zu erwartende Anregungsfrequenz, die noch regelungstechnisch eliminiert werden soll, da die PLL diese 3-4 Perioden benötigt, um auf die Führungsgröße einzurasten. Weiterhin muß die Oszillatoramplitude wesentlich kleiner als die für die Auslenkung nötige Spannung sein, um kein ungewolltes Auslenken durch die Messung zu bewirken.

Das Beaufschlagen der Steuergröße gestaltet sich bei einer Oszillatorschaltung vergleichsweise einfach. Durch die Serienschaltung eines Kondensators mit einer

Plattenkapazität erzielt man eine Wechselspannungsankopplung bei gleichzeitiger Gleichspannungsentkopplung. Dabei muß die Serienkapazität nur wesentlich größer als die Plattenkapazität sein, um die Oszillatorfrequenz und somit das Meßergebnis nicht zu beeinflussen.

Um eine möglichst große Gleichtaktunterdrückung zu erzielen, muß die Messung der vier Kapazitätswerte bei leicht unterschiedlichen Frequenzen erfolgen. Auf diese Weise wird wirkungsvoll verhindert, daß im eingeregelten Zustand die Oszillatoren gegenseitig synchronisieren, und somit die Regelung im Sollwertbereich nur noch schlecht arbeitet. Die unterschiedlichen Oszillatorfrequenzen müssen dann durch entsprechende Maßnahmen im PLL-Kreis ausgeglichen werden.

Als Führungsgröße kommt somit auch *eine* Frequenz in Frage. Da die Höhe der Frequenz den Spiegelabstand bestimmt, ist es möglich, mit einem Wobbelgenerator den Spiegelabstand zyklisch durchzustimmen.

In Bild 8.1 ist der gesamte Regelkreis in einem Prinzipschaltbild zusammengefaßt.

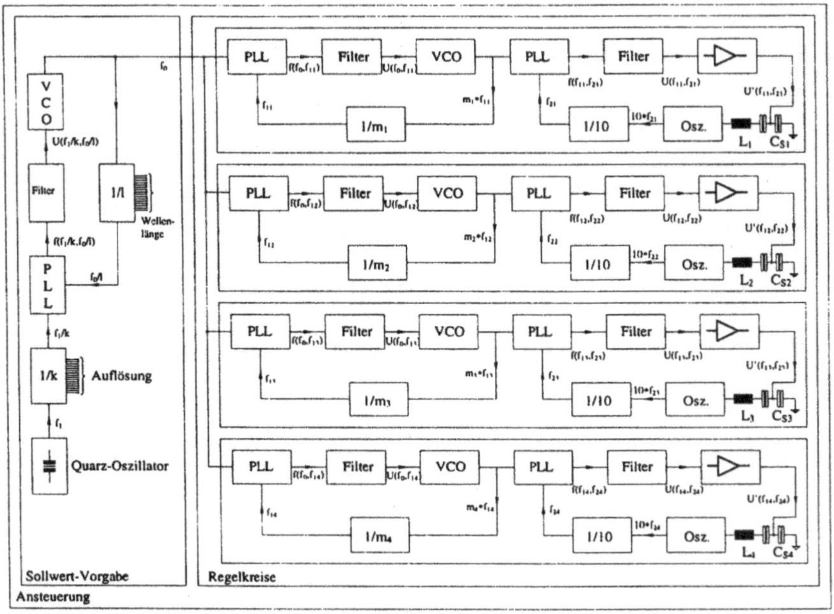

Bild 8.1: Prinzipschaltbild der Resonatorabstandsregelung

Links im Bild ist die Sollwert-Vorgabe dargestellt. Ein Quarz liefert die Referenzfrequenz f_1. Mittels zweier Teiler und einem PLL-Kreis wird eine Frequenz f_0 erzeugt, für die gilt

$$f_0 = f_1 * \frac{l}{k}$$

$$\begin{aligned} &f_0 := Ausgangsfrequenz\ der\ Sollwert-Vorgabe\,[Hz] \\ &f_1 = Quarzoszillatorfrequenz\,[Hz] \\ &l,k := Teilungsfaktoren \end{aligned} \tag{8.3}$$

Die Frequenz f_0 dient als Führungsgröße für die vier unabhängig voneinander arbeitenden Regelkreise.

Mit einem weiteren PLL-Kreis wird die Führungsgröße f_0 mit dem Faktor m_x multipliziert, so daß sich die Frequenz f_{1x} ergibt. Mit diesem PLL-Kreis werden die unterschiedlichen Resonanzfrequenzen der vier Abstandsregeleinheiten ausgeglichen. Die Frequenz f_{1x} wird nun mit der jeweiligen Oszillatorfrequenz verglichen und die Spannung an dem jeweiligen Plattenkondensator so lange nachgeregelt, bis beide Frequenzen exakt übereinstimmen. Dann gilt:

$$m_x * f_1 \frac{l}{k} = m_x * f_0 = m_x * f_{1x} = f_{2x} = \frac{1}{10} * \frac{1}{2\pi\sqrt{L_x * C_{sx}}}$$

$$\begin{aligned} &m_x := \textit{Teilungsfaktor im } x-\textit{ten Schwingkreis} \\ &L_x := \textit{Induktivität im } x-\textit{ten Schwingkreis } [H] \\ &C_{sx} := \textit{Kapazität im } x-\textit{ten Schwingkreis } [F] \end{aligned} \tag{8.4}$$

Dieses Konzept sieht vor, daß die Führungsgröße in verschiedenen Schrittweiten (Auflösung) durchgefahren werden kann. Die Durchstimmgeschwindigkeit muß dabei an die Ansprechgeschwindigkeit des Detektors angepaßt sein, kann also in aller Regel langsam vonstatten gehen. Die Führungsgröße wird dann je Regelkreis der leicht unterschiedlichen Resonanzfrequenz angepaßt. Auch dieser Vorgang bedarf keiner großen Geschwindigkeit. Im eigentlichen Regelkreis muß die Schleifenfrequenz f_{2x} hoch sein, um alle möglichen störenden Anregungen ausgleichen zu können.

8.1.2. Dimensionierung des Regelkreises

Als Oszillatorschaltung hat sich ein Transimpedanzverstärker sehr bewährt. Die prinzipielle Beschaltung ist in Bild 8.2 dargestellt. Ein Serienschwingkreis bestehend aus der frequenzbestimmenden Sensorkapazität C_s und einer Spule L befindet sich im Gegenkopplungsast eines Operationsverstärkers. Im Mitkopplungszweig befindet sich ein Widerstand, der dazu dient, die Dämpfung des Serienschwingkreises auszugleichen. Die Anordnung wird aus dem Ausgang des Operationsverstärkers gespeist. Somit wird garantiert, daß der Operationsverstärker nicht in Sättigung gerät.

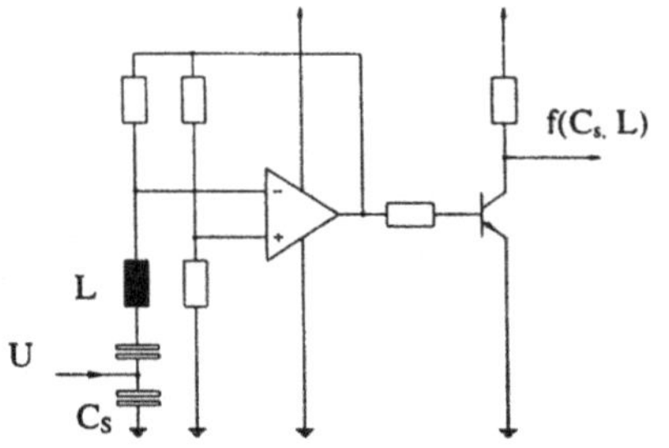

Bild 8.2: Prinzipschaltbild der Oszillatorschaltung zur Kapazitätsbestimmung

Mit diesem Schaltungstyp lassen sich problemlos Resonanzfrequenzen von 10 MHz realisieren. Da diese Frequenz für Standard-PLL Schaltkreise um ca. eine Größenordnung zu hoch liegt, ist ein Teiler vor dem PLL-Schaltkreis vorgesehen, der die Frequenz auf ein Zehntel reduziert.

Bei dem größtmöglichen Spiegelabstand ergibt sich laut Gleichung 8.1 die kleinste Kapazität und somit die größtmögliche Schwingfrequenz. Für die im Kapitel 5 dimensionierte Struktur beträgt dieser Kapazitätswert $C_{s,min}$ = 10 pF. Für eine Resonanzfrequenz $10*f_{21}$ im ersten Regelkreis von 10 MHz ergibt sich für die Induktivität laut

$$L_1 = \frac{l}{(2\pi*10*f_{21})^2 * C_s}$$

$$10*f_{21} := Resonanzfrequenz\ im\ ersten\ Regelkreis\ [Hz] \qquad (8.5)$$

ein Wert von 25,33 µH. Induktivitäten dieser Größe sind mit hohen Güten erhältlich, so daß diese nicht die Güte des Schwingkreises dominieren. Die Güte des Oszillators für parasitäre Widerstände in der Größenordnung von 50Ω ergibt sich zu:

$$Q = \frac{1}{\omega * C * R} = \frac{1}{R} * \sqrt{\frac{L}{C}} = 30$$

Die vier Oszillatoren sollen in ihrer Resonanzfrequenz mindestens 40 kHz voneinander entfernt sein. Somit ergeben sich für die Frequenzen f_{22} bis f_{24} Werte von 10,04 MHz,

10,08 MHz und 10,12 MHz. Entsprechende Werte für die Induktivitäten L_2 bis L_4 lauten 25,13 µH, 24.93 µH und 24.73 µH.

Den jeweiligen Regelkreisen sind nun diese leicht unterschiedlichen Frequenzen anzubieten. Dies geschieht mit jeweils einem eigenen PLL-Kreis, der die gemeinsame Gesamtführungsgröße f_0 entsprechend aufbereitet. Dieser PLL-Kreis hat eine Frequenzübertragungsfunktion von

$$f_{1x} = m_x * f_0$$
$$m_x := Teilungsfaktor\ im\ PLL-Kreis\ [\,] \tag{8.6}$$

Für eine Frequenz der Gesamtführungsgröße von f_0 = 20 kHz ergeben sich die Teilungsfaktoren von m_1 bis m_4 zu

m1 = 50
m2 = 52
m3 = 54
m4 = 56

Die kleinste Frequenz im Regelkreis ergibt sich für den kleinsten Spiegelabstand, nämlich d = 1µm. Der zugehörige Kapazitätswert beläuft sich dann auf C_s = 79,7 pF. Die minimalen Oszillatorfrequenzen im Regelkreis errechnen sich laut

$$10 * f_{2x} = \frac{1}{2\pi * \sqrt{L_x C_{sx}}} \tag{8.7}$$

Die kleinstmögliche Frequenz tritt im Kreis 1 auf, bei dem der Wert der Induktivität mit 25,33 µH am größten ist. Bei kleinstmöglichem Spiegelabstand schwingt dieser Oszillator mit 3,54 MHz. Die minimale Frequenz der Führungsgröße wird durch den Kreis 4 bestimmt. Diese ergibt sich dann unter Beachtung von Gleichung 8.4

$$f_{0,\min} = \frac{f_{24}}{10*54} = \frac{3{,}59\,MHz}{10*54} = 6{,}65kHz \tag{8.8}$$

Der PLL-Kreis zur Sollwertvorgabe muß folglich Frequenzen zwischen $f_{0,min}$ = 6,65 kHz und $f_{0,max}$ = 20 kHz liefern können, um den Spiegelabstand zwischen 1 und 8 µm variieren zu können.

Setzt man als Quarz-Oszillator einen Typ mit einer Resonanzfrequenz von f_I = 1 MHz ein, so muß das Verhältnis von l/k in dem Bereich von 50 bis 150 einstellbar sein. Für kleine Werte von k ist der Abstand zwischen zwei Spiegelpositionen klein, die Auflösung also hoch.

Man kann zeigen, daß für alle Betriebsfälle ein PLL-Kreis stabil läuft, wenn das Schleifenfilter ein PI-Filter ist. Dieses setzt die auftretenden Pulsfolgen des Phasendetektors in eine definierte Regelspannung um und erfüllt die Forderung nach kleinen Phasenrestfehlern /60/.

Ein gewöhnlicher PLL-Kreis benötigt ca. 3-4 Perioden, um zu synchronisieren, der Filter und der zugehörige Voltage controlled oscillator (VCO) noch einmal so lange, so daß man nach 10 Perioden von einem eingeschwungenen System ausgehen kann /68/. Für die Bereitstellung der Führungsgröße bedeutet dies eine Zeitkonstante von ca. 1,5 ms, womit man in derselben Größenordnung liegt, wie die Ansprechgeschwindigkeit des Detektors. Im Regelkreis selbst arbeitet die PLL-Schaltung bei Frequenzen um 1 MHz, so daß hier Anregungen bis zu einer Frequenz von ca. 100 kHz ausgeregelt werden können. Hier wird ein mechanisch schwingfähiges System elektronisch versteift.

8.1.3. Wirksamkeit der Regelschaltung

Um die Effizienz der Regelschaltung zu bestimmen, wurde der Infrarot-Sensor mittels eines Rütteltischs mit einer Frequenz von 2 kHz und einer Beschleunigung von 5 g angeregt und das Ausgangsspektrum der entsprechenden Oszillatorschaltung aufgezeichnet. Die Ergebnisse sind in den Bilder 8.3 bis 8.5 wiedergegeben. In Bild 8.3 ist das Ausgangsspektrum der Oszillatorschaltung für einen Infrarot-Sensor mit einer elektro-chemisch geätzten Membran widergegeben, wobei die Regelung ausgeschaltet war. Es ist ein deutlicher Peak bei einer Frequnezablage von 2 kHz zu sehen. Dieser Peak ist gegenüber der Signalamplitude bei einer Frequenzablage von 0 Hz um ca. 22 dB gedämpft.

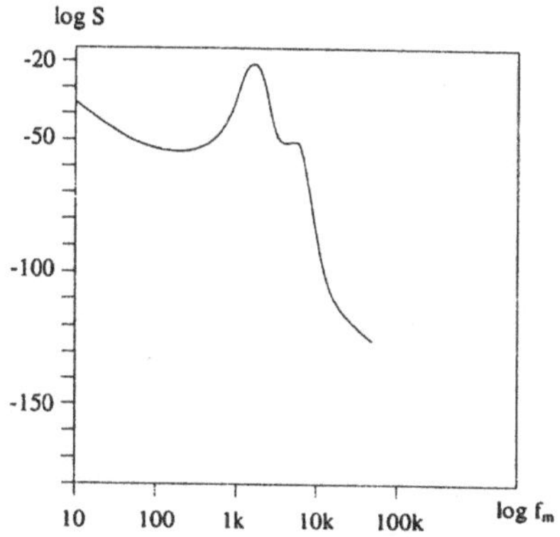

Bild 8.3: Signalamplitude über der Frequenzablage für einen Infrarot-Sensor mit elektrochemisch geätzter Membran ohne Regelung

Das entsprechende Ausgangsspektrum mit eingeschalteter Regelung ist in Bild 8.4 dargestellt. Man erkennt, daß der „Störpeak" durch die Regelung jetzt um ca. 61 dB gedämpft wird. Weiter ist zu sehen, daß die dritte Oberwellen stärker als die zweite in Erscheinung tritt.

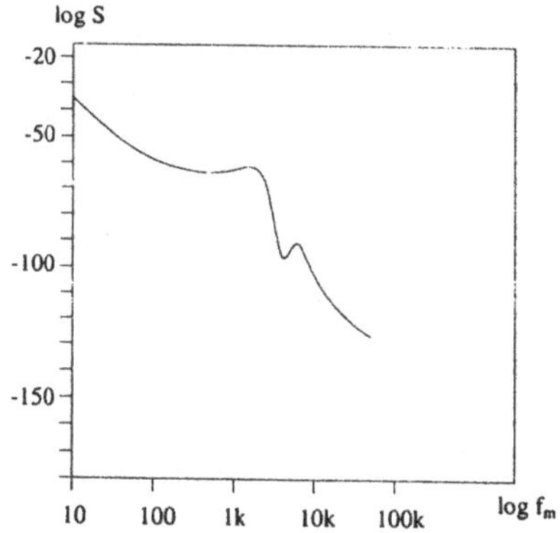

Bild 8.4: Signalamplitude über der Frequenzablage für einen Infrarot-Sensor mit elektrochemisch geätzter Membran mit Regelung

Für Infrarot-Sensoren, die mit den sehr „weichen" elektro-chemisch geätzten Membranen aufgebaut sind, ist eine Regelung umbedingt erforderlich, da durch akustische Störeinflüsse eine Auslenkung der Membran um etliche Nanometer möglich ist. Dies verschlechtert die Güte des optischen Resonators.

Verwendet man für den Infrarot-Sensor die sehr viel steiferen, mit Bor und Germanium dotierten Membrane, so kann auf die Regelung verzichtet werden. Bild 8.5 zeigt das Ausgangsspektrum der Oszillatorschaltung, in der ein solcher Infrarot-Sensor eingesetzt ist. Man sieht, daß der „Störpeak" bei 2 kHz Frequenzablage um mehr als 65 dB gedämpft ist. Hier wird eine Regelung nur dann benötigt, wenn der Abstand der Membran zur Mulde nicht über der gesamten Membranfläche konstant ist.

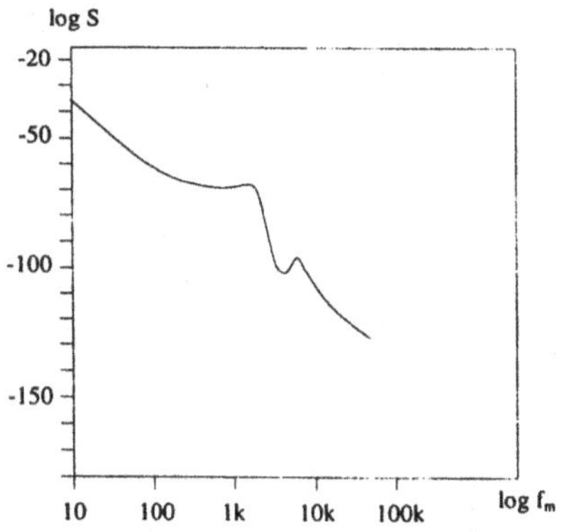

Bild 8.5: Signalamplitude über der Frequenzablage für einen Infrarot-Sensor mit einer hoch Bor dotierten Membran ohne Regelung

8.2. Infrarot-Detektor

Als Infrarot-Detektor kommt ein Platin-Dünnfilm-Bolometer mit einem Innenwiderstand von ca. $R_B = 1\,k\Omega$ zum Einsatz. Dies soll mit einem Strom von einem Milliampere gespeist werden. Dieser niedrige Strom erklärt sich aus der Tatsache, daß die im Bolometerwiderstand umgesetzte Leistung direkt zur Erwärmung der Membran führt. Die Verlustleistung berechnet sich zu

$$P_{el} = U_B * I_B = I_B^2 * R_B = 1mW$$

$U_B :=$ *Betriebsspannung des Bolometers* $[V]$

Bei einem thermischen Widerstand von R_{th} = 2100 K/W erhöht sich somit die Membrantemperatur um 2.1 K. Diese Temperaturänderung bewirkt eine Widerstandsänderung des Bolometers. Somit ist dieser Effekt nicht von einer Temperaturänderung in Folge einer eingestrahlten Leistung zu unterscheiden. Diesen Meßfehler kann man nur eliminieren, wenn man den Bolometerwiderstand bei konstanter Temperatur betreibt. Dann ist es möglich, über den verminderten Leistungsbedarf eingestrahlte Leistung zu detektieren. Dies entspricht einem Betrieb bei konstantem Widerstand.

Da ein Bolometer - im Gegensatz zu einer Thermosäule - Absoluttemperaturen erfaßt, muß mit einem Referenzwiderstand die Substrattemperatur erfaßt werden, um Schwankungen der Umgebungstemperatur korrigieren zu können.

8.2.1. Entwurf des Vorverstärkers

Der hier zum Einsatz kommende Verstärker muß den Strom durch den Bolometerwiderstand so nachregeln, daß der Widerstand konstant bleibt. Dies entspricht einem isothermen Betrieb, der mit Hilfe einer geregelten Meßbrücke aufrecht erhalten werden kann. Ein einfaches isothermes Meßprinzip stellt die in /58/ beschriebene geregelte Meßbrücke dar, bei der sich der Bolometerwiderstand im Rückkoppelzweig eines Operationsverstärkers befindet. Die Regelung der Meßschaltung beruht auf dem Prinzip der Pulsweitenmodulation. Solange die Arbeitstemperatur noch nicht überschritten ist, wird der Strom durch das Bolometer weiter erhöht. Danach wird die Leistungszufuhr unterbrochen, bis die Detektortemperatur die Arbeitstemperatur wieder unterschreitet. Zur Funktionsfähigkeit der Schaltung ist es notwendig, daß die thermische Zeitkonstante des Sensors größer ist als die des Komperator-Stellgliedes. Dies ist hier aber in jedem Fall gewährleistet. Bild 8.3 zeigt den Stromlaufplan einer solchen Schaltung.

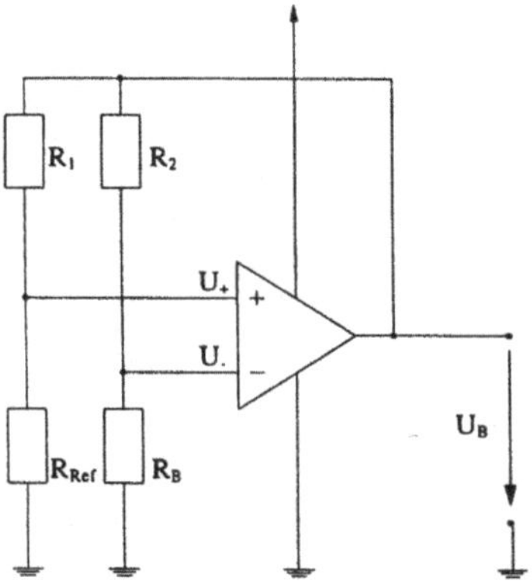

Bild 8.6: Prinzipschaltbild der geregelten Meßbrücke

Da hier nur ein kleiner Strom von 1 mA durch den Bolometerwiderstand fließen soll, kann man die Meßbrücke direkt aus dem Rückkoppelzweig des Operationsverstärkers speisen, ansonsten ist ein Emitterfolger im Rückkopplungszweig für höhere Ströme vorzusehen.

Die Ausgangsspannung U_B des Operationsverstärkers stellt sich so ein, daß die Brückendiagonalspannung null wird. Dann ist die Brücke abgeglichen.

Aus Gleichung 1.45 folgt

$$R = R_B * (1 + \alpha_B * \Delta T). \tag{8.9}$$

Somit sind der Widerstand als auch dessen Temperatur konstant geregelt.

Für die Eingangsspannungen des Operationsverstärkers aus Bild 8.3 lassen sich folgende Ausdrücke ableiten:

$$U_+ = U_B * \frac{R_{Ref}}{R_1 + R_{Ref}}$$

$$U_- = U_B * \frac{R_B}{R_2 + R_B} \tag{8.10}$$

U_B := *Brückenspeisespannung* [V]

Um den Detektor auf Arbeitspunkttemperatur zu bringen, wird im Detektor die Heizleistung P_{el} benötigt. Diese ergibt sich zu

$$P_{AP} = \frac{U_-^2}{R_{AP}}$$

$$mit\ R_{AP} = R_B * (1 + \alpha_B * (T_{AP} - T_U)) \tag{8.11}$$

Im ausgeregelten Zustand gilt dann für den Bolometerwiderstand im Arbeitspunkt R_{AP}

$$R_{AP} = \frac{R_{Ref} * R2}{R_1} \tag{8.12}$$

Die Brückenspeisespannung U_B kann geschrieben werden als

$$U_B = \sqrt{P_{AP} * R_{AP}} * \frac{R_2 + R_{AP}}{R_{AP}} \tag{8.13}$$

Höchste Empfindlichkeit erzielt man für $R_{AP} = R_2$.. Somit ergibt sich die Brückenspannung zu

$$U_B = 2\sqrt{P_{AP} * R_{AP}} \tag{8.14}$$

Durch die Regelung wird bei Bestrahlung des Detektors und dadurch auftretender zusätzlicher Energiezufuhr der Widerstand und somit die Temperatur konstant gehalten. Die Verlustleistung des Sensors bleibt konstant. Dieser Zusammenhang läßt sich über den thermischen Verlustwiderstand R_{th} ausdrücken

$$P_{AP} = R_{th} * (T_{AP} - T_U) \tag{8.15}$$

Die dem Detektor elektrisch zugeführte Leistung vermindert sich um den Faktor P_{opt}.

$$P_{el} = P_{AP} - P_{opt} \tag{8.16}$$

Damit stellt sich aber die Brückendiagonalspannung auf den neuen Wert U_B' ein.

$$U_B' = 2\sqrt{P_{el} * R_{AP}} \tag{8.17}$$

Ausgewertet wird das Meßsignal ΔU_B als Differenz der Spannungen U_B und U_B'.

$$\Delta U_B = U_B - U_B' = 2\sqrt{P_{AP} * R_{AP}} - 2\sqrt{(P_{AP} - P_{opt}) * R_{AP}} \tag{8.18}$$

Somit ergibt sich die Berechnungsformel für die eingestrahlte optische Leistung zu:

$$P_{opt} = \left[P_{AP} - \left(\sqrt{P_{AP}} - \frac{\Delta U_B}{2\sqrt{R_{AP}}} \right)^2 \right] \tag{8.19}$$

Aus Gleichung 8.12 erkennt man, daß für gleiche Temperaturkoeffizienten von R_B und R_{Ref} die Erwärmung des Gesamtsystems keine Rolle spielt.

8.2.2. Detektor- und Referenztemperatur

Sollen die Detektortemperatur und die Referenztemperatur separat mitgemessen werden, so ist dies problemlos durch eine geringfügige Erweiterung obiger Schaltung möglich. Dazu muß lediglich über dem jeweiligen Widerstand (R_B bzw. R_{Ref}) die Spannung gemessen werden.

Da sich der Detektorwiderstand auf der Membranmitte befindet, addieren sich zum eigentlichen Bolometerwiderstand noch die Widerstände der Zuleitungen. Um diesen Meßfehler auszugleichen, wird die sogenannte Vierleiter-Messung durchgeführt. Dies ist auch hier vorgesehen. Die Spannung am Bolometerwiderstand kann über eigene Leiterbahnen hochohmig abgegriffen werden.

Bei den Referenzwiderständen ist die oben beschriebene Maßnahme nicht nötig, da sich die gesamte Bahnlänge auf dem Substrat befindet, dessen Temperatur ja gemessen werden soll.

In Bild 8.4 ist eine um die direkte Temperaturmessung erweiterte Prinzipschaltskizze wiedergegeben.

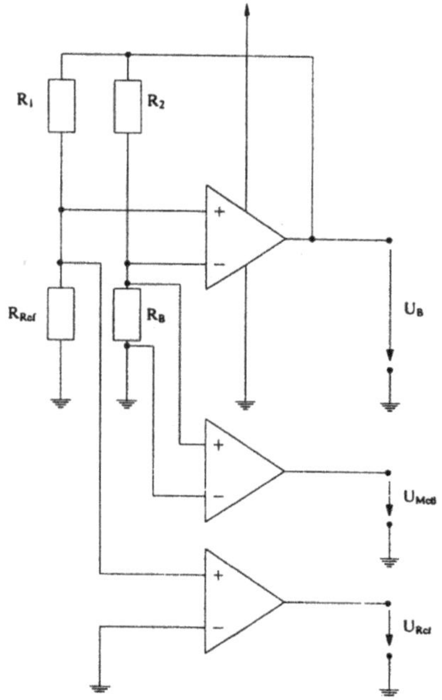

Bild 8.7: Schaltungsvorschlag zur separaten Temperaturmessung

Kapitel 9

9. Messungen am IR-Sensor

In diesem Kapitel werden Messungen am Infrarot-Sensor präsentiert. Dabei wird zunächst der Meßaufbau beschrieben, anschließend werden Messungen zu den einzelnen optischen Komponenten beschrieben. Dann folgen Transmissionsmessungen, die an einem Infrarot-Filter durchgeführt wurden. Im letzten Abschnitt wird der integrierte Infrarot-Detektor charakterisiert.

9.1. Meßaufbau

Die optischen Messungen wurden mit zwei verschiedenen Meßaufbauten durchgeführt. Einerseits wurde eine gechoppte Schwarzkörperstrahlung über eine Spiegelabbildung einem Monochromator zugeführt. Die wellenlängenselektive Strahlung durchlief dann das zu untersuchende Objekt und wurde mit einem mit Flüssigstickstoff gekühlten CdHgTd-Detektor nachgewiesen. Dies ist ein sehr langwieriges Meßverfahren, allein die Aufheizphase des Schwarzkörperstrahlers beträgt mehrere Stunden. Der Scan eines Spektrums von 2 bis 8 µm benötigt circa 1 Stunde. Während dieser Zeit sollten sich die Meßbedingungen im optischen Pfad (Luftfeuchte, Strahlerleistung, etc.) nicht ändern. Nur dann ist es möglich, durch Aufnahme eines Referenzspektrums die exakte Transmission des Meßobjektes festzustellen. Bild 9.1 zeigt den verwendeten Meßaufbau:

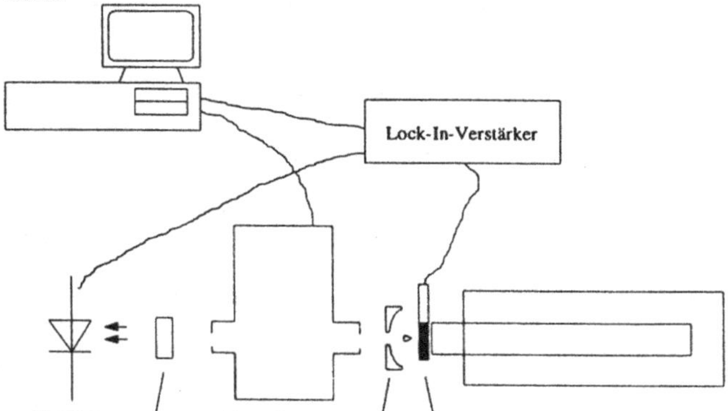

Bild 9.1: Meßaufbau zur Untersuchung des Infrarot-Sensors

Anderseits konnten Messungen an einem FT-Infrarot-Spektrometer durchgeführt werden. Dies ist eine sehr schnelle und bequeme Art, hochauflösende Transmissionsspektren zu erhalten. Allerdings waren hier die Meßmöglichkeiten auf Transmissionsmessungen mit geradem Strahlengang beschränkt, so daß Reflexionsmessungen an diesem Meßplatz nicht durchgeführt werden konnten.

9.2. Optische Messungen am Infrarot-Sensor

Während der Herstellung des Infrarot-Sensors wurden die optischen Charakteristika der Einzelkomponenten immer auf ihre Übereinstimmung mit den theoretischen Berechnungen überprüft. Im Folgenden sind hier Messungen für die Silizium-Ausgangsmaterialien, die Spiegel, die Antireflexschichten und den Absorber wiedergegeben.

9.2.1. Silizium-Bulkmaterial

Die Messung zeigt das Transmissionsverhalten von zwei verschiedenen Siliziumscheiben. Beide Scheiben besitzen eine <100>-Kristallorientierung und sind beide 525±20 µm dick. Scheibe 1 ist ein normaler, für den Standard-CMOS-Prozeß spezifizierter Wafer. Diese haben einen hochdotierten Bulk, um gute ohmsche Rückseitenkontakte realisieren zu können. Hier ist der Bulk mit Antimon n-dotiert, die Dotierung beträgt $1{,}9\text{-}6 * 10^{17}$ 1/cm³. Darauf befindet

sich ein niedrig dotierter Epi-Layer, in den die aktiven Bauelemente integriert werden. Dieser ist hier mit $31\text{-}38 \cdot 10^{14}$ $1/cm^3$ Phosphoratomen dotiert.
Die Scheibe 2 weist dagegen eine sehr geringe, aber komplett durchgehende Bor-Dotierung in einer Höhe von $5{,}5\text{-}27 \cdot 10^{14}$ $1/cm^3$ auf.
Bei einer dritten Scheibe, die im Schichtaufbau der ersten gleicht, deren Bulk aber statt mit Antimon mit ca. 5 mal mehr Bor dotiert ist, konnte bei einer Scheibendicke von 525 µm keine Transmission mehr gemessen werden.

Die Scheibe 2 weist eine Transmission von mehr als 0.4 auf. Ein Wert, der aufgrund des Brechungsindexsprunges von Silizium zu Luft nicht erreicht werden dürfte. Ursache hierfür ist die Rauhigkeit der Scheibenrückseite, die entspiegelnd wirkt. Der Einbruch der Transmission bei Wellenlängen etwas über 4 µm ist auf einen Restwasserdampfgehalt in der Meßkammer zurückzuführen.

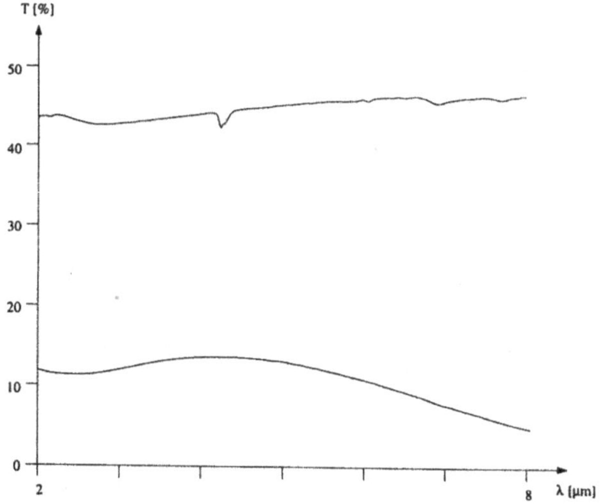

Bild 9.2: Transmission durch 525 µm dickes Silizium

Nur aus Scheibe 2 können die für den Infrarot-Sensor nötigen Muldenscheiben hergestellt werden, da durch diese Scheibe die Infrarotstrahlung transmittiert werden muß.

9.2.2. Metall-Spiegel

Um die ideale Schichtdicke dünner Aluminiumspiegel auf Silizium zu finden, wurde auf die durchgehend niedrig dotierten Scheiben Aluminium abgeschieden. Dies geschah sowohl in einem Sputterreaktor als auch durch thermisches Verdampfen. Dabei wiesen die gesputterten Schichten eine um circa den Faktor 1.5 kleinere Absorption im Vergleich zu den gedampften Spiegeln auf. Bild 9.2 zeigt den Transmissions- und Reflexionsverlauf über der Schichtdicke für diese Proben (gestrichelte Linien). Weiter sind Literaturwerte eingetragen /39/.

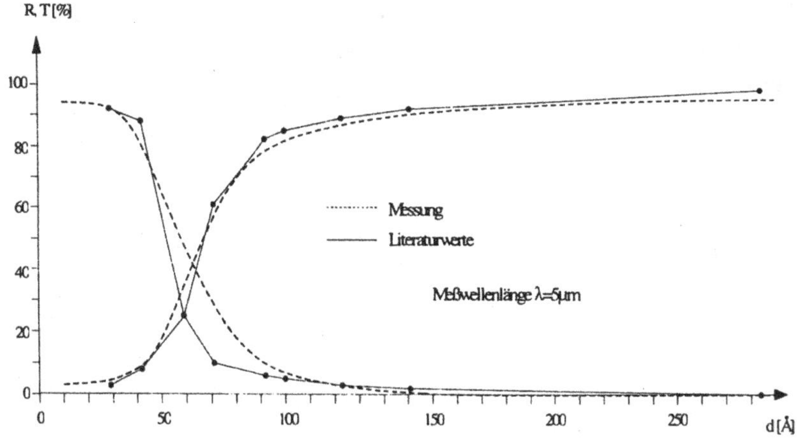

Bild 9.3: Reflexions- und Transmissionsvermögen von gesputterten Aluminiumschichten auf Silizium

Für eine 10 nm dick gesputterte Schicht Alu auf Silizium ergeben sich Werte für die Reflexion von R = 0,85 und für die Transmission von T = 0,05 bei einer Wellenlänge von λ = 8µm.

In Bild 9.3 sind für eine 10 nm dicke Aluschicht der Reflexions- und Transmissionsverlauf über der Wellenlänge im Bereich von λ = 2 bis 8 µm eingetragen. Man erkennt, daß die Reflexion in diesem Spektralbereich nur unwesentlich steigt (von R = 82 % auf R = 86 %), während die Transmission stetig von T > 17 % bei λ = 2 µm bis zu T = 3,5 % bei λ = 8 µm abnimmt.

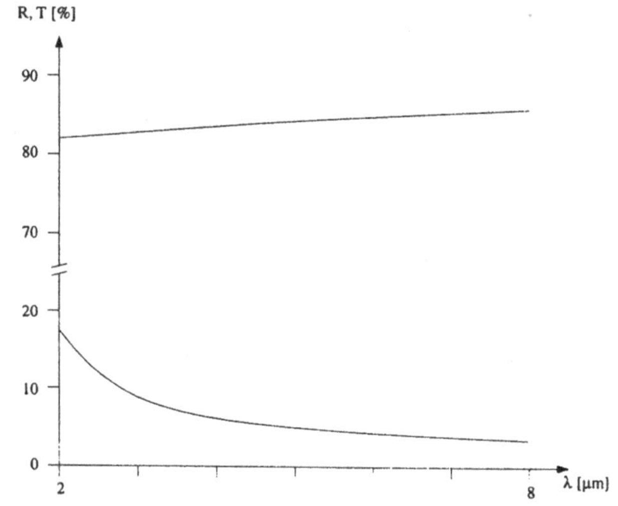

Bild 9.4: Reflexions- und Transmissionsvermögen von 10 nm gesputterten Aluminium auf Silizium über der Wellenlänge

9.2.3. Antireflexschichten

Trotz größter Sorgfalt konnten die Antireflexbeschichtungen nur mit einer Schichtdicken-reproduzierbarkeit von circa 5-7 % hergestellt werden. Eine höhere Genauigkeit ist mit Quarzmikrowaagen als Schichtdickenmeßgerät nicht zu erzielen. Alle gemessenen Antireflexverläufe lagen aber in einem Toleranzfeld, das in Bild 9.5 eingezeichnet ist. Weiter sind eine typische Messung und der simulierte Verlauf mit idealen Schichtdicken eingetragen. Die Verbesserung der Transmission gegenüber unbeschichtetem Silizium, wie es in Bild 9.1 gezeigt ist, beläuft sich trotz der Abweichungen von der idealen Schichtdicke mindestens auf den Faktor vier.

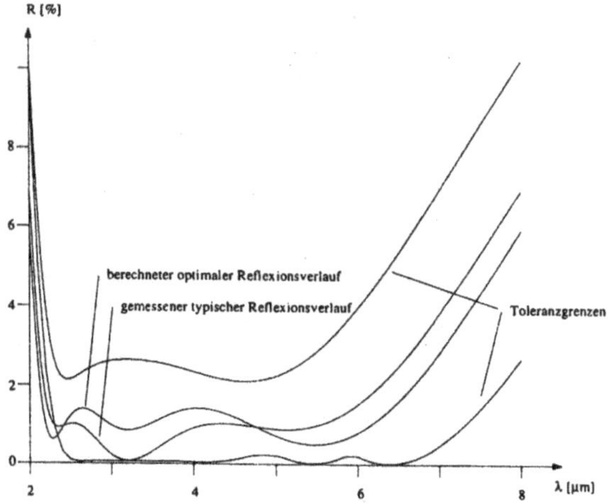

Bild 9.5: Simulierter und gemessener Reflexionsverlauf von beschichtetem Silizium

9.2.4. Absorber

Die Transmission der hoch dotierten Membran zeigt eine ausgeprägte Interferenzerscheinung. Dies ist durch den hohen Brechungsindexsprung von Luft zu Silizium zu erklären. Die Membran ist als ein Fabry-Perot-Interferometer mit dem Spiegelabstand der Membrandicke entsprechend anzusehen. Der Resonatorabstand beträgt also $d = 2{,}3\ \mu m$. Somit ergibt sich ein Brechungsindex der Membran zu $n_M = 3{,}42$ und ein Reflexionfaktor von $R = 29{,}9\ \%$. Dieses Fabry-Perot-Interferometer ist für größere Wellenlängen sehr stark bedämpft. Hier wirkt sich die Absorption der freien Ladungsträger aus. Diese gehorcht einem Exponentialgesetz mit quadratischer Abhängigkeit von der Wellenlänge /71/. Diese Kurven sind separat in Bild 9.7 eingezeichnet.

Im Bild 9.6 sind neben der eben besprochenen Transmission der Siliziummembran auch die Transmission einer Schwarzgoldschicht und die Summentransmission eingezeichnet. Im gesamten Spektrum resultiert daraus ein Absorptionswirkungsgrad besser 99,5%.

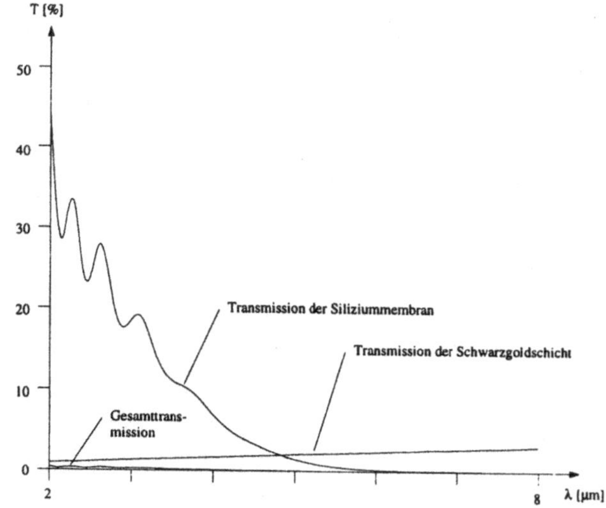

Bild 9.6: Transmission der Siliziummembran, der Schwarzgoldschicht und die Gesamttransmisson

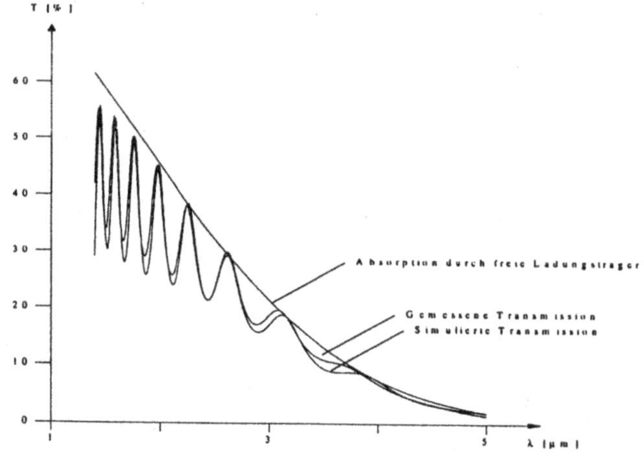

Bild 9.7: Gemessener und simulierter Transmissionsverlauf einer unbeschichteten Siliziummembran

9.3. Transmissionsverlauf des Infrarot-Filters

Um die Transmissionscharakteristik des Infrarot-Filters zu messen, kann keine Membran mit hochdotiertem Bor-Ätzstop verwendet werden, da diese für Wellenlängen ab 5 µm nahezu perfekt absorbiert. Hier wurde speziell eine Membran mit elektrochemischem Ätzstop hergestellt und damit ein Transmissionsfilter aufgebaut. Dabei wurden sämtliche äußeren Abmessungen und Masken vom Infrarot-Sensor übernommen, so daß die Messungen unmittelbar auf den Infrarot-Sensor übertragen werden können. Die Auslenkung der Membran wurde elektronisch mit Hilfe einer Regelschaltung durchgeführt. Diese war eine leicht modifizierte Form der im Kapitel 8 vorgestellten Regelschaltung. Dabei wurde ein Spiegelabstand von ungefähr d =3 µm (Bild 9.8), d = 5 µm (Bild 9.9) und d = 7 µm (Bild 9.10) eingestellt.

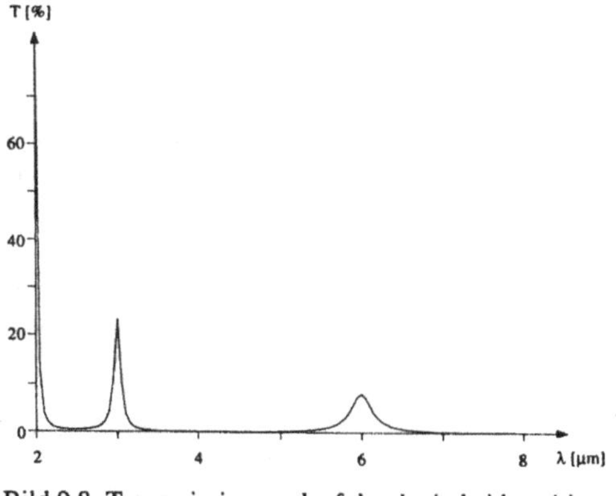

Bild 9.8: Transmissionsverlauf durch ein beiderseitig mit Antireflexschichten versehenes Fabry-Perot-Filter mit ca. 3µm Spiegelabstand.

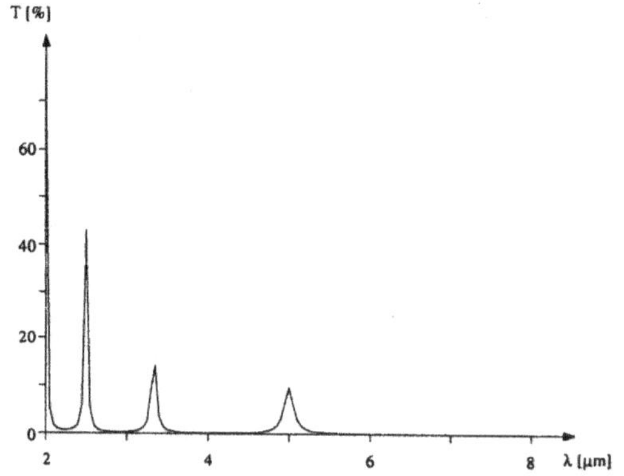

Bild 9.9: Transmissionsverlauf durch ein beiderseitig mit Antireflexschichten versehenes Fabry-Perot-Filter mit ca. 5µm Spiegelabstand.

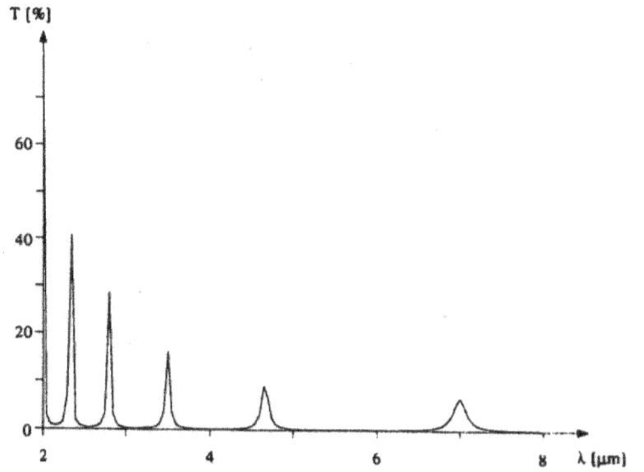

Bild 9.10: Transmissionsverlauf durch ein beiderseitig mit Antireflexschichten versehenes Fabry-Perot-Filter mit ca. 7µm Spiegelabstand.

Hier sieht man sehr deutlich den Nachteil von absorbierenden Spiegeln im Vergleich zu dielektischen Vielfachschichten. Absorbieren die gesputterten Aluminium-Schichten bei einer Wellenlänge von $\lambda = 2$ µm nur sehr gering ($A = 0.005$), so erhöht sich die Absorption bis zu einer Wellenlänge von $\lambda = 8$ µm auf einen Wert knapp über $A = 0.1$. Daraus resultiert die zunehmend kleinere Amplitude der Transmission bei größeren Wellenlängen. Bei dielektrischen Spiegeln würden die Transmissionspeaks in etwa die gleiche Amplitude über den gesamten Nutzspektralbereich aufweisen.

9.4. Empfindlichkeit des Infrarot-Sensors

Die experimentelle Untersuchung des Metallfilm-Bolometers als Infrarot-Detektor beschränkt sich auf die wesentlichen Daten:

Innenwiderstand R_B:	≈ 0,2 - 1 kΩ (technologische Schwankungen)
Temperaturkoeffizient α_B:	$2.6 * 10^{-3}$ 1/K
spezifischer Widerstand ρ_B:	0.352 $\Omega mm^2/m$
Zeitkonstante	0.3 s
Detektivität	$5\text{-}11 * 10^7$ cm $Hz^{½}$ W^{-1} (1 mA Meßstrom)

Kapitel 10

10. Abschätzung der NEC für einige Lösungsmittel

Legt man die Messungen aus dem vorhergehenden Kapitel zugrunde, so kann man für bekannte Spektren für ein System bestehend aus Quelle - Küvette - Sensor jeweils die Nachweisgrenze abschätzen.

10.1. Grundlagen für die Abschätzung der NEC

Hierzu wird, wie schon in Kapitel 6, ein Temperaturstrahler mit einem Emissionsfaktor von $\varepsilon = 0.8$ bei einer Temperatur von 600°C als Infrarot-Quelle verwendet. Dieser befindet sich in ca. 3 mm Abstand zu dem Infrarot-Detektor, dazwischen befindet sich eine Küvette zur Aufnahme der zu messenden Substanz. Hier soll Kalziumfluorid als Fensterglas verwendet werden, da dessen Transmissionsfenster optimal zu dem Nutzspektralbereich des Sensor paßt. Weiter beträgt dessen Brechungsindex nur n = 1,28, so daß auf Entspiegelungen verzichtet werden kann. Obendrein ist Kalziumfluorid ein chemisch weitgehend inerter Kristall, so daß auch viele aggressive Medien damit vermessen werden können.

Zur Abschätzung der Grenzempfindlichkeit werden berücksichtigt:
- die Emission des Strahlers
- die Absorptionsspektren der Küvettenfenster
- Reflexion an den Küvettenfenstern
- die Antireflexbeschichtung
- die Absorption von Silizium
- die Filterkennlinie
- die Absorption der Silizium-Membran und der Schwarzgoldschicht
- die abgeschätzte Empfindlichkeit des Detektors
- die Geometrie der Anordnung

Die Vielzahl der zu beachtenden Größen macht eine Auswertung nur mit einem Rechner sinnvoll. Hierzu wurde ein Programm entwickelt, das die entsprechenden technologischen und geometrischen Daten zusammen mit den Transmissionsspektren der zu untersuchenden Substanzen (Test- und Trägersubstanz) so verarbeitet, daß die zu erwartende Änderung der elektrischen Signalspannung des Detektors für jeden Spiegelabstand und eine bestimmte Konzentration der Testsubstanz im Träger ausgegeben wird.

Als Träger wird hier für alle Abschätzungen Wasser angenommen. Der Brechungsindex kann im betrachteten Spektralbereich konstant zu n = 3,44 angenommen werden. Die für die Abschätzung zugrunde gelegten Spektren sind alle auf einem FT-Infrarot-Spektrometer hochauflösend (1 cm^{-1}) aufgenommen worden. Hieraus sind synthetische Spektren gemäß Gleichung 10.1 von Azeton, Ethanol, Isopropanol und Methanol in Wasser für jeweils 1, 10 und 100 ppm berechnet worden. Die Absorptionslänge ist für alle Substanzen gleich und beträgt 10 µm. Die Berechnung der synthetischen Spektren ist nur dann möglich, wenn die Molekühlschwingungen sich nicht gegenseitig beeinflussen. Bei stark polaren Flüssigkeiten - Wasser zählt dazu - ist dies in der Regel nicht der Fall.

$$T_{Misch} = (1 - v) * T_{Träger} + v * T_{Analyt}$$

$$\begin{aligned} &T_{Misch} := Transmission\ des\ Gemisches\ [\,] \\ &T_{Träger} := Transmission\ der\ Trägersubstanz\ [\,] \\ &T_{Analyt} := Transmission\ des\ zu\ untersuchenden\ Analyten\ [\,] \\ &v := Mischungsverhältnis\ [\,] \end{aligned} \qquad (10.1)$$

10.2. Abschätzung der NEC

Die Bilder 10.1 mit 10.5 zeigen die Transmissionsspektren dieser vier Testsubstanzen und von Wasser als Träger.

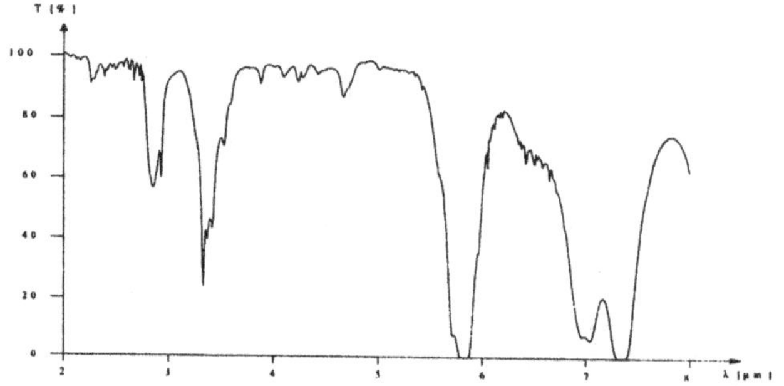

Bild 10.1: Transmission von Azeton rein.

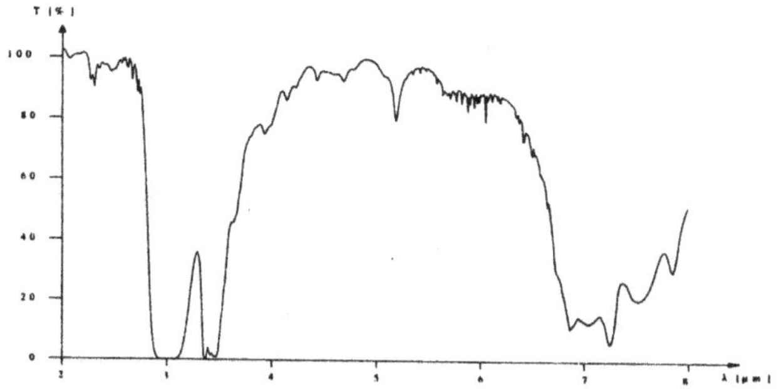

Bild 10.2: Transmission von Ethanol rein

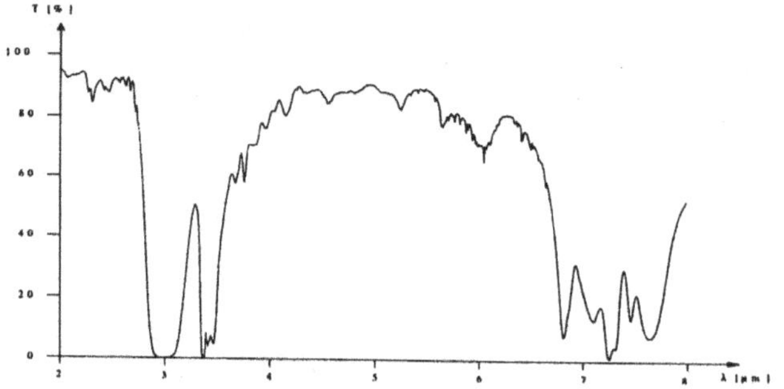

Bild 10.3: Transmission von Isopropanol rein

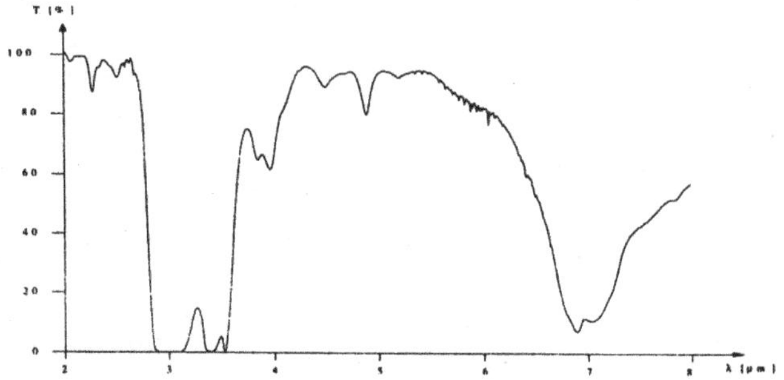

Bild 10.4: Transmission von Methanol rein

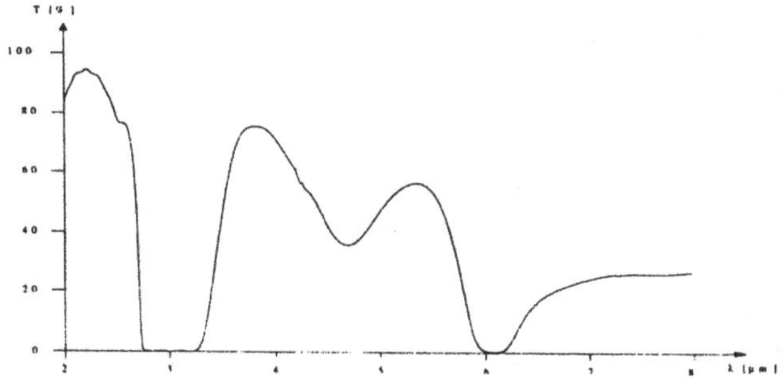

Bild 10.5: Transmission von Wasser

Mit der Quellentemperatur, den Küvettenfensterdaten, dem Transmissionsverlauf von Wasser und den geometrischen Abmessungen sowie den Infrarot-Sensor-Daten kann man den zu erwartenden Verlauf der Signalspannung berechnen:

Dazu wird für jede Wellenlänge die emittierte Leistung der Quelle berechnet nach dem Strahlungsgesetz von Planck:

$$dP_\lambda = \varepsilon \frac{2hc_0^2}{\lambda^5} \frac{A}{e^{\frac{hc_0}{kT\lambda}} - 1} d\lambda$$

$$\begin{aligned}
&dP_\lambda := abgestrahlte\ Leistung\ im\ Bereich\ \lambda\ bis\ \lambda + \Delta\lambda\ [W/m] \\
&\varepsilon := Emissionsgrad\ [\,] \\
&h := Planck - Konstante\ [J/K] \\
&c_0 := Lichtgeschwindigkeit\ [m/s] \\
&\lambda := Wellenlänge\ [m] \\
&A := Strahlerfläche\ [m^2] \\
&k := Boltzmann - Konstante\ [J/K] \\
&T := Strahlertemperatur\ [K] \\
&d\lambda := Wellenlängenintervall\ [m]
\end{aligned} \tag{10.2}$$

Die abgegebene Strahlung trifft auf das erste Küvettenfenster. Hier wird die Reflexion verursacht durch den Brechungsindexsprung von Luft (n = 1) nach Kalziumfluorid (n = 1,28) durch folgenden Term berücksichtigt:

$$R = \left(\frac{n_{Kalziumfluorid} - n_{Luft}}{n_{Kalziumfluorid} + n_{Luft}} \right)^2$$

$$\begin{aligned}
&R := Reflexionsfaktor\ [\,] \\
&n_{Kalziumfluorid} := Brechungsindex\ von\ Kalziumfluorid\ [\,] \\
&n_{Luft} := Brechungsindex\ von\ Luft\ [\,]
\end{aligned} \tag{10.3}$$

Jetzt durchläuft die Strahlung das Küvettenfenster mit einer endlichen Dicke. Hierbei wird ein Teil der Strahlung absorbiert. Die Absorption von Kalziumfluorid wurde über der Wellenlänge gemessen und wird als Meßwert mit einbezogen.

Der nächste Strahlungsverlust entsteht an dem Übergang Küvettenfenster zum Medium. Diese Reflexionsverluste berechnen sich analog zu Gleichung 10.3, wobei davon ausgegangen wird, daß für kleine Beimengungen des Analyten zum Träger der Brechungsindex konstant bleibt:

$$R = \left(\frac{n_{Kalziumfluorid} - n_{Trägert}}{n_{Kalziumfluorid} + n_{Träger}} \right)^2$$

$$R := Reflexionsfaktor\ [\,] \qquad (10.4)$$
$$n_{Kalziumfluorid} := Brechungsindex\ von\ Kalziumfluorid\ [\,]$$
$$n_{Trägert} := Brechungsindex\ des\ Trägers\ [\,]$$

Die Strahlung wird sehr stark wellenlängenabhängig von dem in der Küvette enthaltenden Medium absorbiert und stellt den gewünschten Meßeffekt dar. Dieser Einfluß wird durch die gemessenen Referenzspektren berücksichtigt. Unterscheidet sich die Küvettenlänge bei der Referenzmessung und der Abschätzung, so muß die gemessene Transmission entsprechend umgerechnet werden:

$$T_{Abs} = T_{Ref}^{\frac{d_{Abs}}{d_{Ref}}}$$

$$T_{Abs} := Transmission\ der\ Abschätzung\ [\,]$$
$$T_{Ref} := Transmission\ der\ Referenzmessung\ [\,] \qquad (10.5)$$
$$d_{Abs} := Absorptionslänge\ für\ die\ Abschätzung\ [\,]$$
$$d_{Ref} := Absorptionslänge\ der\ Referenzmessung\ [\,]$$

Im Folgenden wird die Strahlung bei Durchtritt durch das zweite Küvettenfenster analog zum ersten geschwächt. Folglich gelten hier die Gleichungen 10.3 und 10.4 ebenso.

Im weiteren Verlauf tritt die Strahlung durch die Antireflexschichten in das niedrig dotierte Silizium des Muldenstücks ein. Hier wird der gemessene Transmissionsverlauf der Antireflexschichten ebenso wie der des Siliziums berücksichtigt.

Das Fabry-Perot-Interferometer wird durch seine Transmissionscharakteristik in Abhängigkeit des Spiegelabstands sowie der Spiegeleigenschaften beschrieben. Die Transmissions-charakteristik wird formelmäßig gemäß Gleichung 1.9 berücksichtigt, wobei die Spiegeleigenschaften (R, T, A) von der Wellenlänge abhängig aus den Messungen einfließen.

Die Absorption der Strahlung führt zu der gewünschten Temperaturerhöhung der Membran, die mit dem integrierten Bolometer gemessen wird. Dabei liegen die Absorption der hochdotierten Membran als auch die der Schwarzgoldschicht als Messungen vor und fließen als solche in die Abschätzung der NEC mit ein.

Die sich ergebende Widerstandsänderung wird für einen fest eingeprägten Meßstrom von 1 mA in eine entsprechende Spannungsänderung umgesetzt, die in den folgenden Bildern wiedergegeben ist.

Es wird für jeden Spiegelabstand das Integral über der Wellenlänge gebildet, um die Vielfachtransmission des Fabry-Perot-Interferometers zu berücksichtigen. In Gleichung 10.6 sind nochmals alle Effekte zusammengefaßt dargestellt, so wie sie zur Signalberechnung herangezogen worden sind.

$$U = R_B * I_B * \alpha_B * R_{th,B} * S_{Kg} * \int_{\lambda=2\mu m}^{8\mu m} P_\lambda * T_{G1}^2 * T_{G2}^2 * T_{Misch} * I_T * A_M * A_{Au} d\lambda$$

$$\begin{aligned}
&mit \\
&S_{Kg} := Schwächung\ durch\ Kugeloberfläche\ [\,] \\
&T_{G1} := 1 - R_{Luft,Kalziumfluorid} \\
&T_{G2} := 1 - R_{Kalziumfluorid,Träger} \\
&T_{Misch} := Transmission\ des\ zu\ messenden\ Gemisches\ [\,] \\
&I_T := Transmission\ des\ Fabry-Perot-Interferometers\ [\,] \\
&A_M := Absorption\ der\ Membran\ [\,] \\
&A_{Au} := Absorption\ der\ Schwarzgoldschicht\ [\,]
\end{aligned} \tag{10.6}$$

Die kugelförmige Abstrahlcharakteristik des „grauen" Strahlers wird durch den Schwächungsfaktor S_{KG} berücksichtigt. Hier fließen die geometrischen Daten des gesamten Aufbaus mit ein.

In Bild 10.6 ist das zu erwartende Sensorsignal für Wasser ohne Testsubstanz dargestellt. Dies bedeutet, daß in Gleichung 10.6 für T_{Misch} statt der Transmission eines Zweikomponentengemisches die Transmission von reinem Wasser verwendet wird. Bei Zugabe von kleinen Konzentrationen einer Testsubstanz wird die dann gemessene Signalspannung geringfügig von der „Wasserkennlinie" abweichen, um für große Konzentrationen immer mehr den Signalspannungsverlauf der Testsubstanz anzunehmen.

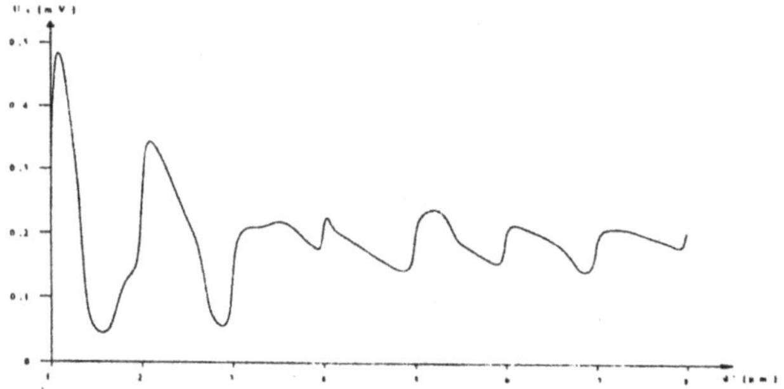

Bild 10.6: Signalspannungsverlauf für Wasser über dem Spiegelabstand

Die Bilder 10.7 mit 10.10 zeigen die Änderung der Signalspannung über dem Spiegelabstand für jeweils 1 ppm Azeton, Ethanol, Isopropanol und Methanol. Diese wird als Differenz des Signalspannungsverlaufs von reinem Wasser und eines der obigen Gemische berechnet. Die Signalspannung ändert sich zwar stoffspezifisch, aber nur minimal um wenige nV. Für kleine Konzentrationen bis ca. 10000 ppm kann man eine lineare Abhängigkeit der Signaländerung von der Konzentration annehmen. Für eine Verzehnfachung der Konzentration erhält man folglich die zehnfache Signaländerung. Geht man davon aus, daß die Spannungsänderung zehn mal größer der Bolometerrauschspannung sein muß, um eine sichere Signalaufnahme zu gewährleisten, so kann man von einer minimal detektierbaren Siganlspannung von 40 nV ausgehen. Die entsprechenden Noise Equivilant Concentrations (NECs) für obige Testsubstanzen liegen dann im Bereich von etwa 20 ppm in Wasser. Natürlich können auch bei diesem System alle in der Infrarotspektroskopie üblichen Verfahren zur Erniedrigung der Nachweisgrenze eingesetzt werden. So kann man sich ein Spektralfenster suchen, bei dem Wasser als Träger schwach absorbiert und die Testsubstanz starke Absorptionsbanden aufweist. So ein Bereich ist zum Beispiel für Wasser und Azeton $6{,}5 < \lambda < 8$ µm. Dann kann man durch Vergrößerung der Absorptionslänge die Signaländerung exponentiell erhöhen.

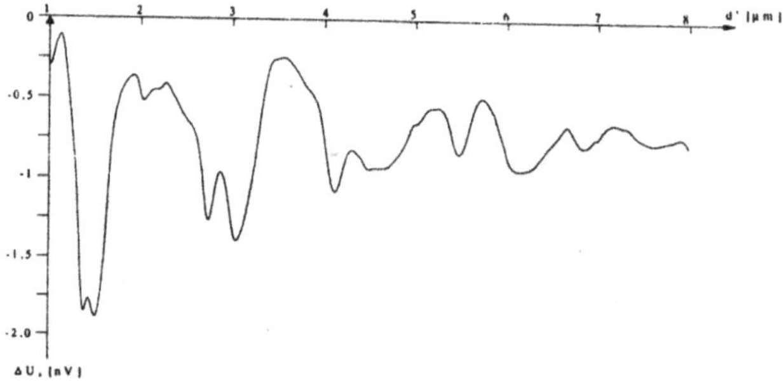

Bild 10.7: Signaländerung für 1 ppm Azeton in Wasser

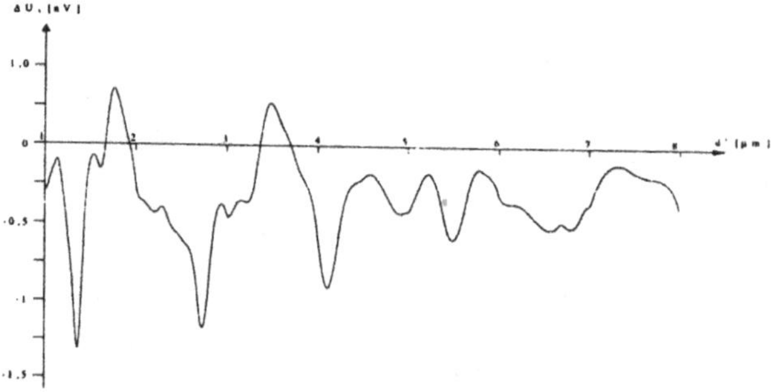

Bild 10.8: Signaländerung für 1 ppm Ethanol in Wasser

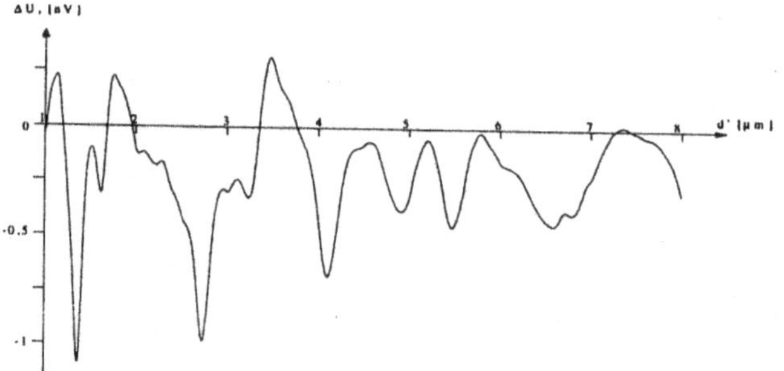

Bild 10.9: Signaländerung für 1 ppm Isopropanol in Wasser

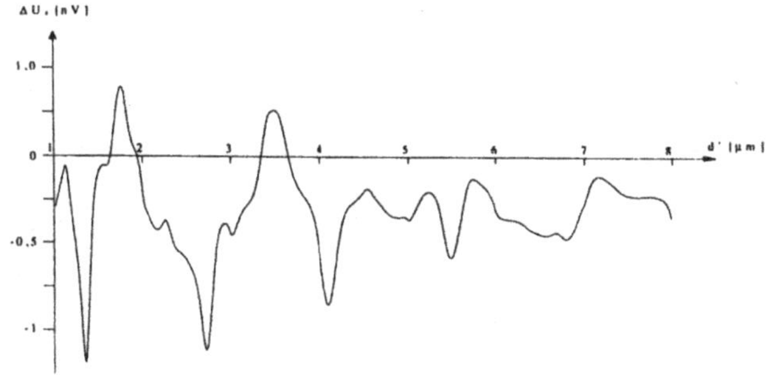

Bild 10.10: Signaländerung für 1 ppm Methanol in Wasser

Die Bilder 10.11 mit 10.14 zeigen die zu erwartenden Signalspannungen für die reinen Teststoffe. Man sieht deutlich verschiedene Signalverläufe, auch die von Ethanol und Isopropanol unterscheiden sich für Spiegelabstände im Bereich von d' = 7-8 µm klar. Dies ist um so bemerkenswerter, als der chemische Molekülaufbau dieser zwei Stoffe sich lediglich um eine CH_2-Gruppe unterscheidet.

Hier wird prinzipiell eine Faltung der Filterkennlinie mit dem Transmissionsspektum der Testsubstanz durchgeführt. Das Transmissionsspektrum ist aber numerisch nicht mehr zu rekonstruieren, da die Filterkennlinie nicht konstant ist, sondern sich vielmehr mit der Wellenlänge ändert. Dies ist zwar eine Einschränkung, kann aber so lange in Kauf genommen werden, wie durch einen entsprechenden „Lernvorgang" eindeutig die zu messenden Substanzen identifiziert beziehungweise von einander getrennt werden können. Dies ist solange der Fall, bis die Faltung zweier verschiedener Spektren mit derselben Filterkennlinie zu demselben Ausgangssignal führt. Dies ist aufgrund der enormen Informationsfülle von Infrarotspektren sehr unwahrscheinlich. Während meiner Arbeit konnte ich kein solches Spektrenpaar finden, das diese Eigenschaft aufgewiesen hätte. Voraussetzung ist allerdings, daß man die hohe Informationsdichte der Spektren nicht durch eine zu geringe Auflösung verliert.

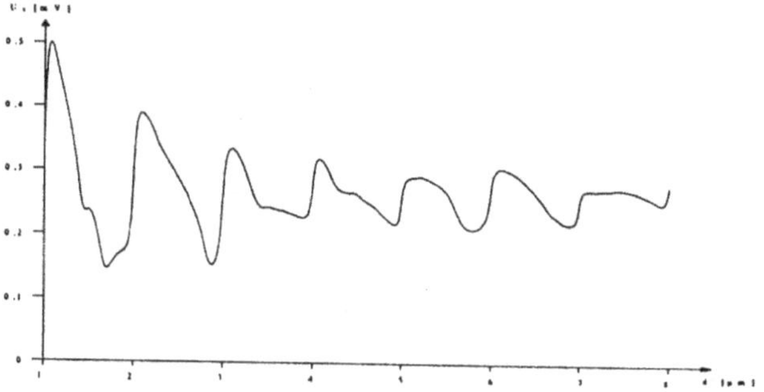

Bild 10.11: Signalspannungsverlauf für Azeton rein über dem Spiegelabstand

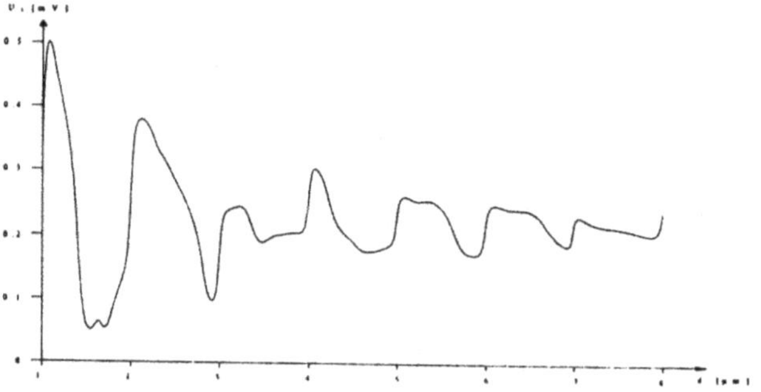

Bild 10.12: Signalspannungsverlauf für Ethanol rein über dem Spiegelabstand

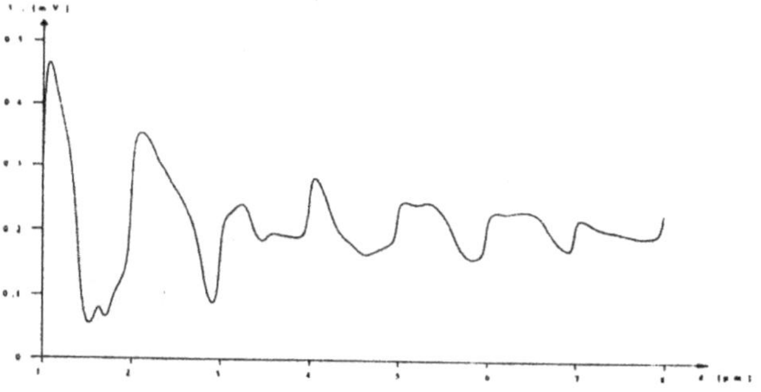

Bild 10.13: Signalspannungsverlauf für Isopropanol rein über dem Spiegelabstand

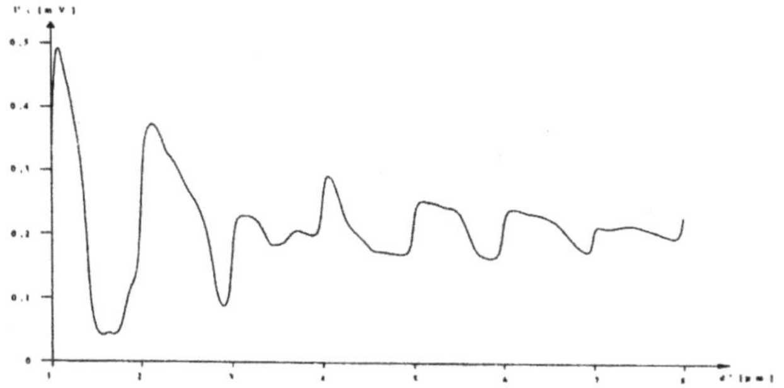

Bild 10.14: Signalspannungsverlauf für Methanol rein über dem Spiegelabstand

Zusammenfassend läßt sich sagen, daß dieser Infrarot-Sensor hervorragend geeignet ist, Stoffe zu klassifizieren. Die quantitative Analyse ist mit der jetzigen Dimensionierung bis zu etwa 20 ppm für obige Lösungsmittel durchführbar. Mit dem im Kapitel 5 besprochenen optimalen Design kann dies um etwa den Faktor 10-15 verbessert werden. Weitere Verbesserungen sind möglich, wenn man die Küvettenlänge dem zu messenden Gemisch anpaßt.

Kapitel 11

11. Messung der spektralen Absorption einiger Lösungsmittel mit dem Infrarot-Sensor

Zur Messung der Transmission von Flüssigkeiten muß der Infrarot-Sensor mit einer Küvette und einer Infrarot-Quelle erweitert werden. Die Gesamtgröße soll dabei nicht wesentlich höher als die des Sensors alleine werden. Deshalb bieten sich besonders Flüssigkeiten für die Analyse an, da diese aufgrund ihrer großen Dichte schon bei kleinen Absorptionslängen hinreichend große Transmissionsänderungen aufweisen. Somit kann das Gesamtsystem, bestehend aus Infrarot-Quelle, Küvette und Infrarot-Sensor, klein gehalten werden.

11.1. Meßanordnung

In Bild 11.1 ist der Querschnitt durch das miniaturisierte Meßsystem dargestellt. Links erkennt man die Fassung, in die der Infrarot-Sensor geklebt und gebondet ist. Auf diese Fassung wird die Meßkammer aufgesetzt. Sie besteht aus zwei Edelstahlteilen, die miteinander verschraubt werden. Im Inneren schließen sie dabei zwei Kalziumfluoridgläser ein. Dazwischen befindet sich ein Teflondistanzstück, welches durch seine Dicke die Absorptionslänge der Küvette festlegt. Die Absorptionslänge kann zwischen wenigen Mikrometern bis zu einem Millimeter variiert werden. Eines der beiden Kalziumfluoridgläser ist mit zwei Bohrungen versehen, durch die die zu analysierende Flüssigkeit in die Küvette eingebracht wird. Teflon dichtet dabei die Küvette gegenüber dem Edelstahlgehäuse ab und schützt so auch die äußerst spröden Küvettenfenster vor Beschädigungen. In die rechts erkennbare Vertiefung wird die Infrarot-Quelle eingesetzt. Auf diese Weise konnte ein sehr kompakter Aufbau mit einer Gesamtabmessung von nur $35*35*20$ mm³ realisiert werden. Ein wesentlicher Vorteil ist dabei der geringe Abstand der Infrarot-Quelle vom Sensor, so daß die Raumverluste der Quelle klein gehalten werden konnten. Die Justage der Meßkammer zum Sensor erfolgt über die Fassung.

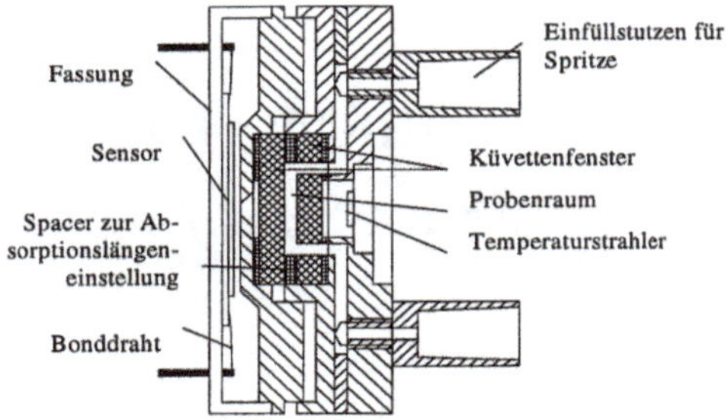

Bild 11.1: Querschnitt durch eine miniaturisierte Meßkammer

Die zu analysierende Flüssigkeit wird mit Hilfe einer Spritze in die Küvette eingespritzt. Somit ist eine einfache Probenentnahme möglich. Die Spritzen sind steril verpackt sehr billig im Handel erhältlich. Bild 11.2 veranschaulicht eindrucksvoll den kompakten Aufbau dieses Sensors. Man erkennt deutlich die zwei Einfüllstutzen der Küvette. In der Mitte (messingfarben) sieht man die Rückseite der Infrarot-Quelle, unten die Anschlußbeinchen des Infrarot-Sensors.

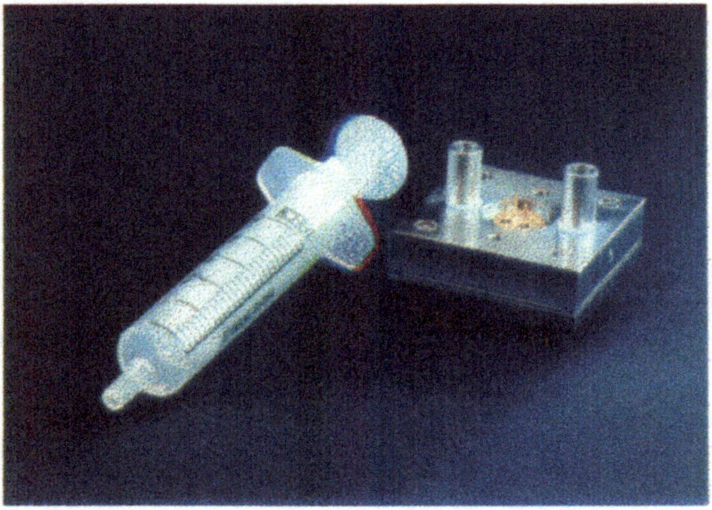

Bild 11.2: Sensor mit Meßkammer im Größenvergleich zu einer 5 ml Spritze.

Auf Bild 11.3 ist der Infrarot-Sensor und abgehobener Meßkammer zu sehen. Auf der Sensoroberseite sind die Antireflexschichten zu erkennen, bei der Meßkammer sieht man die kreisrunde Öffnung, durch die die durch die Küvette hindurchgetretene Infrarot-Strahlung den

Sensor erreicht. Am Rand des Sensor-Chips erkennt man gut die Referenzwiderstände, die zur Messung der Substrat-Temperatur dienen.

Bild 11.3: Von der Fassung abgehobene Meßkammer.

11.2. Meßaufbau

Dieses Meßsystem wurde in einen Meßaufbau integriert. Dieser wird von einem Rechner aus gesteuert, der auch die zu erfassenden Meßgrößen aufnimmt und auswertet. Dabei wird folgende Meßstrategie verfolgt. Erst wird der gewünschte Spiegelabstand durch Anlegen einer Gleichspannung eingestellt. Anschließend wird bei eingeschalteter Infrarot-Quelle eine vorzugebende Anzahl von Bolometer-Widerstandswerten aufgenommen und gemittelt. Anschließend wird die Quelle abgeschaltet und jetzt nochmals dieselbe Anzahl an Widerstandswerten bestimmt. So ein Meßzyklus wird mehrfach wiederholt. Die interessierende Meßgröße bestimmt sich aus der Differenz der gemittelten Widerstände bei eingeschalteter

Quelle und bei ausgeschalteter Quelle. Jetzt wird der nächste Spiegelabstand eingestellt und die Messung beginnt von neuem.

Für die Durchführung dieser Messungen wurde darauf verzichtet, die selbst entwickelte Ansteuerschaltung einzusetzen, da die durch die Technologie hervorgerufenen Exemplarstreuungen so groß waren, daß jedesmal die Oszillatoren angepaßt werden mußten. Es wurde deshalb ein Boonton-Kapazitätsmeßgerät Modell 7200 eingesetzt, das bei einstellbarer Meßfrequenzamplitude erlaubt, eine Gleichspannung an das Meßobjekt anzulegen und den zugehörigen Kapazitätswert zu erfassen. Allerdings mußten dafür alle vier Plattenkapazitäten parallel geschaltet werden, das Ausregeln eines verkippten Spiegels war somit nicht möglich.

Der Bolometerwiderstand wurde mit einem Keithley 2000 Multimeter gemessen. Es handelt sich dabei um ein hochgenaues Meßgerät, das bereits eine integrierte Vierleiter-Widerstandsmessung beinhaltet.

Beide Meßgeräte verfügen über eine IEEE-488 Schnittstelle und können somit problemlos von dem Meßwerterfassungsrechner angesteuert und die Meßwerte abgefragt werden. Die Steuerung des Meßablaufs wird durch geeignete Software erzielt.

Anfänglich wurde ein Silizium-Planar-Pellistor als Infrarot-Quelle eingesetzt. Die kleine Emitterfläche ($A < 0{,}65\ mm^2$) und die kurze Lebensdauer bei Temperaturen um die 600°C führten zu einem geänderten Konzept. Eine Halogenlampe mit einem Quarzglasgehäuse wurde im weiteren Verlauf als Strahlungsquelle eingesetzt. Dabei wurde in Kauf genommen, daß - bedingt durch den Quarzglaskolben - die Spektralanteile der emittierten Strahlung mit einer Wellenlänge über 4.5 µm sehr stark absorbiert werden.

11.3. Messungen

In Kapitel 5 und 8 wurde bereits besprochen, wie an Hand einer Kapazitätsmessung auf den Abstand der Kapazitätsplatten und somit des Spiegels geschlossen werden kann. In Bild 11.4 ist eine typische Messung der Kapazität über der Spannung wiedergegeben.

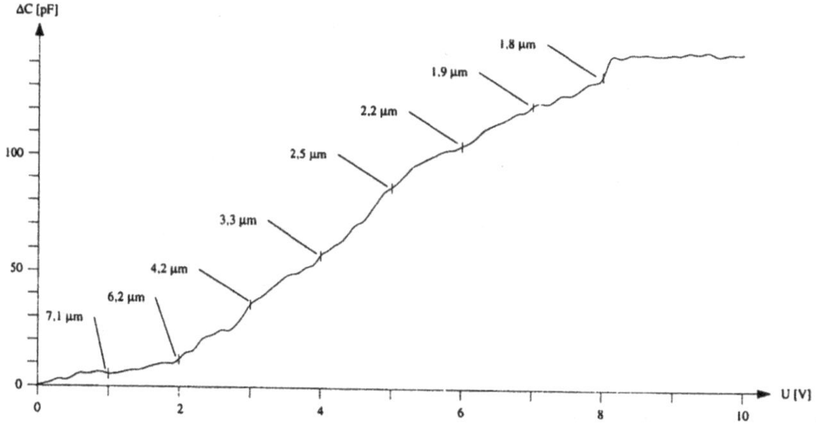

Bild 11.4: Kapazität der Plattenkondensatoren über der angelegten Spannung

Weiter ist in Bild 11.4 für einige Spannungswerte der Spiegelabstand eingetragen, so wie er sich nach Gleichung 5.8 aus der Kapazität berechnet.

Die ersten Messungen, die durchgeführt wurden, dienten dazu, die aufgestellten Modelle zu verifizieren. Dazu wurde die Transmission mit einer ungefüllten Küvette gemessen. Ein typischer Kurvenverlauf ist in Bild 11.5 dargestellt. Hierbei ist bereits die Kapazität in den entsprechenden Spiegelabstand umgerechnet.

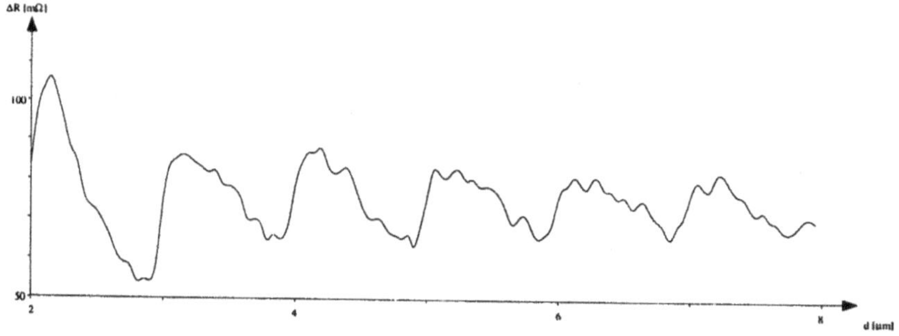

Bild 11.5: Widerstandsänderung über dem Spiegelabstand bei leerer Küvette

Man erkennt, daß der Kurvenverlauf die erwartete Form hat, so wie sie in Kapitel 6.6 bereits abgeschätzt worden ist. Deutlich ist dabei die Vieldeutigkeit des Fabry-Perot-Filters zu erkennen.

Im Folgenden wurde die Küvette mit deinonisiertem Wasser befüllt und die Bolometerwiderstandsänderung über dem Spiegelabstand gemessen. Ein hierfür typisches Meßergebnis ist in Bild 11.6 wiedergegeben. Auch hier ist wieder eine Transformation vom Kapazitätswert zum entsprechenden Spiegelabstand durchgeführt worden. Weiterhin wurde die Widerstandsänderung in eine equivalente Signalspannungsänderung umgerechnet.

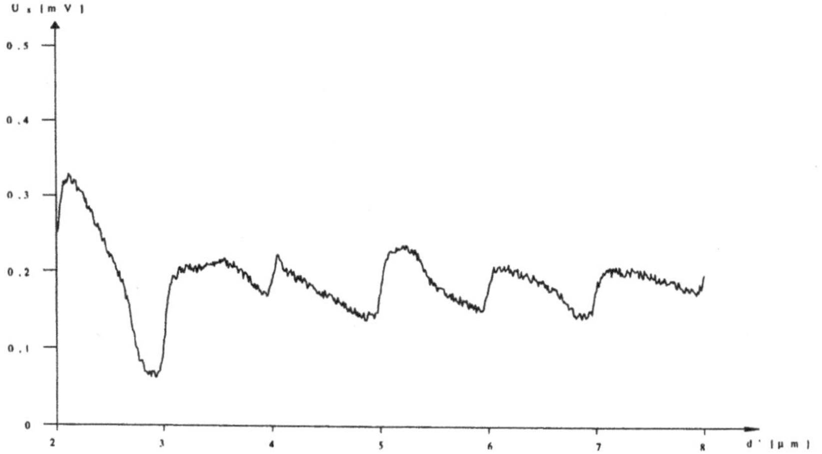

Bild 11.6: Equivalente Signalspannungsänderung über dem Spiegelabstand bei mit deionisiertem Wasser gefüllter Küvette

Anschließend wurden dem deionisierten Wasser sukzessive geringe Mengen Aceton beigemischt, bis eine signifikante und reproduzierbare Meßsignaländerung eintrat. Dies war bei etwa 100 ppm Aceton in deionisiertem Wasser (DI-Wasser) der Fall. In Bild 11.7 ist die Differenz der Widerstandsänderungen über dem Spiegelabstand von DI-Wasser und DI-Wasser mit einer Beigabe von 100 ppm Aceton wiedergegeben.

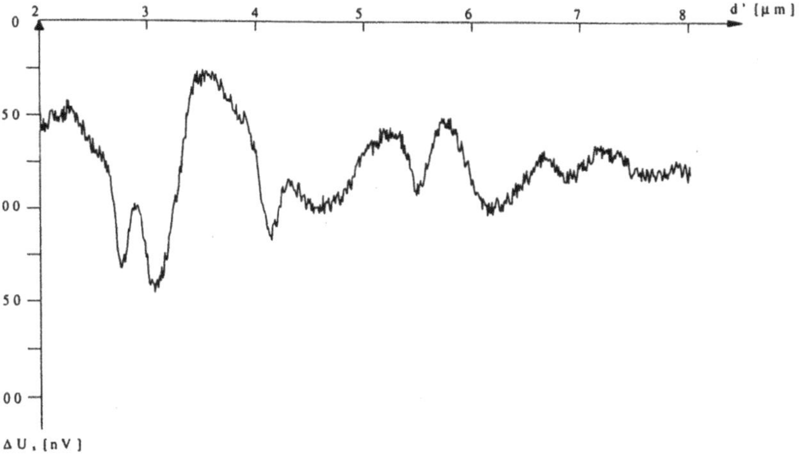

Bild 11.7: Differenz der equi. Siganlspannungsänderungen über dem Spiegelabstand von DI-Wasser und DI-Wasser mit Beigabe von 100 ppm Aceton

Aus dem Verlauf der Widerstandsdifferenz kann man auf die Stoffart der Beimengung schließen.

Die Amplitude der Differenz gibt Aufschluß über die Konzentration der Beimengung. Hier kann in weiten Grenzen mit dem Beer-Lambert'schen Gesetz gearbeitet werden, um die Konzentration zu bestimmen. Ansonsten ist über Referenzmessungen eine Konzentrationsbestimmung möglich /71/.

Analog zu der Messung mit deionisiertem Wasser mit Beimengungen von Aceton wurde mit Alkoholen Ethanol, Isopropanol und Methanol verfahren. Auch hier lag der Konzentrationsbereich der Beimengungen, bei dem reproduzierbare Messungen durchgeführt werden konnten, in der Gegend von 100 ppm Analyt in deionisiertem Wasser. Die Bilder 11.8 bis 11.10 zeigen die entsprechenden Differenzen der equivalenten Siganlspannungsänderungen über dem Spiegelabstand.

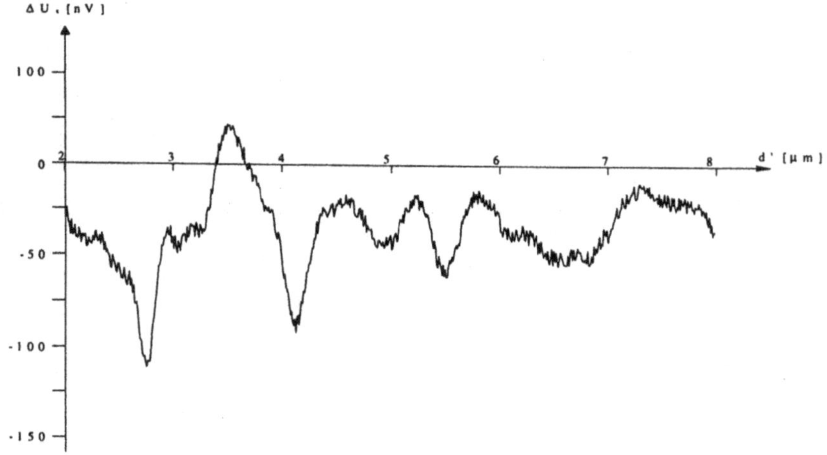

Bild 11.8: Differenz der equi. Siganlspannungsänderungen über dem Spiegelabstand von DI-Wasser und DI-Wasser mit Beigabe von 100 ppm Ethanol

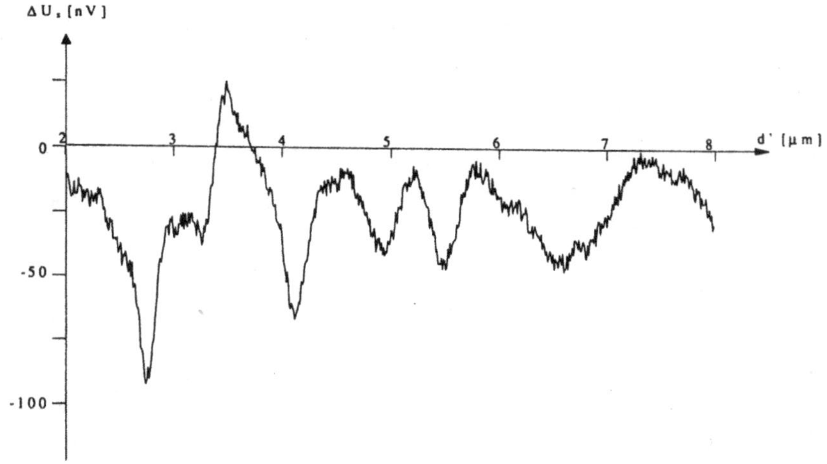

Bild 11.9: Differenz der equi. Siganlspannungsänderungen über dem Spiegelabstand von DI-Wasser und DI-Wasser mit Beigabe von 100 ppm Isopropanol

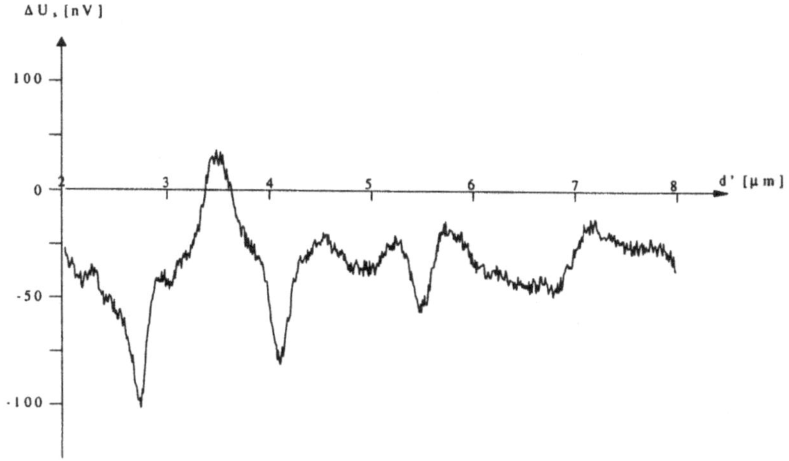

Bild 11.10: Differenz der equi. Siganlspannungsänderungen über dem Spiegelabstand von DI-Wasser und DI-Wasser mit Beigabe von 100 ppm Methanol

Ein Vergleich der obigen Kurven mit den im Kapitel 10 durchgeführten Abschätzungen zeigt, daß die Modelbildung die tatsächlichen Verhältnisse sehr gut wiedergibt.

11.4. Auswertung nach Methoden der Mustererkennung

Die Identifikation eines Analyten erfolgt auch heute noch meist durch optischen Vergleich mit katalogisierten Spektren. Trotz großer Anstrengungen auf dem Gebiet der automatischen Spektrenauswertung konnte das geschulte Auge eines erfahrenen Analytikers bisher durch nichts ersetzt werden. Vorallem bei der Multikomponentenanalyse, bei der eine gegenseitige Beeinflussung der Einzelanalyten fast immer auftritt, stößt die automatische Auswertung schnell an ihren Grenzen.

Die optische Auswertung durch Vergleich mit Standardspektren ist bei dem integrierten Infrarot-Sensor nicht direkt anwendbar, da das gelieferte Ausgangssignal die Faltung der Filterkennlinie mit dem Absorptionsspektum darstellt. Diese ist aufgrund der nicht konstanten Filtercharakteristik nicht umkehrbar. Somit ist der direkte Vergleich ausgeschlossen. Deshalb wurden die oben dargestellten Messungen einer Auswertung nach Methoden der Mustererkennung unterzogen. Bild 11.11 zeigt die Verteilung der stoffspeziefischen Muster in der Ebene, die durch die erste und zweite Hauptachse aufgespannt wird nach einer Diskriminanzanalyse [48]. Die Grenzen um die einzelnen Stoffklassen wurden so gewählt, daß damit eine Erkennungswahrscheinlichkeit von 95 % erreicht wird, das heißt eine Messung, zum Beispiel für Aceton, wird mit einer Wahrscheinlichkeit von 95 % der entsprechenden Stoffklasse zugeordnet.

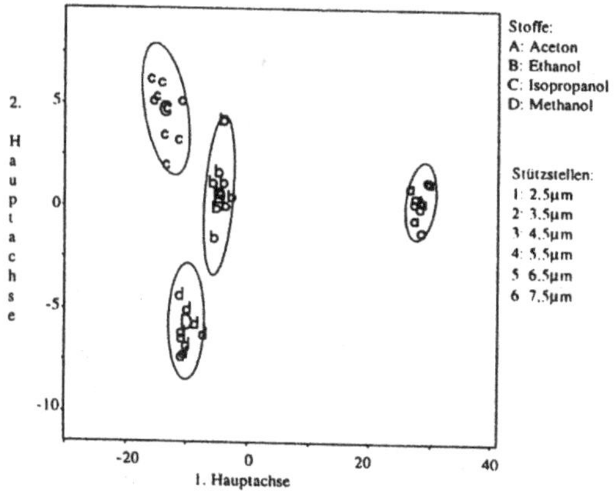

Bild 11.11: Verteilung der stoff spezifischen Muster

Es ist nicht notwendig alle Stützstellen der aufgenommenen Meßkurve der Mustererkennung zuzuführen. Vielmehr reichen zur sehr sicheren Trennung der vier Stoffe (Fehlklassifikationswahrscheinlichkeit < 2%) bereits die Meßwerte bei 2.5 µm, 3.5 µm, 4.5 µm, 5.5 µm, 6.5 µm und 7.5 µm Spiegelabstand aus. Es wurden jeweils fünf Meßreihen berücksichtigt. Da sich bei kleinen Konzentrationen, wie bereits in Kapitel 10 gezeigt, die equivalente Signalspannung linear mit der Konzentration ändert, ist hier eine Winkelauswertung der Signalvektoren sinnvoll [48].

Da zur sicheren Trennung nur eine geringe Anzahl an Abtastpunkten notwendigen ist, kann eine Messung mit Hilfe der Mustererkennung sehr viel schneller durchgeführt werden. Eine komplette Meßreihe besteht bei voller Auflösung aus 1800 Stützstellen. Mit Hilfe der Mustererkennung reichen hier auch 6 Stützstellen aus. Dies reduziert die Meßzeit auf ein dreihundertstel.

Die fünf Meßreihen für jeden Stoff wurden zur quantitativen Auswertung einer PLS-Analyse unterzogen. Das Ergebnis ist in Tabelle 11.1 wiedergegeben:

Aceton [ppm]		Ethanol [ppm]		Isopropanol [ppm]		Methanol [ppm]	
100	1000	100	1000	100	1000	100	1000
100.704	1006.18	100.414	1003.704	100.7206	1006.203	100.125	1000.84
99.46162	1012.7	99.605	1009.444	99.4438	1012.781	99.708	1006.57
101.3455	987.413	100.971	991.955	101.3823	987.370	100.759	996.96
98.8648	993.486	99.247	995.511	98.8361	993.465	99.676	997.43
100.0732	999.73	99.970	999.174	100.0711	999.732	99.804	998.14

Tab. 11.1: Auswertung mit der PLS-Methode. Dunkelgrau unterlegt sind die tatsächlichen Konzentrationen, hellgrau die zugehörigen Schätzwerte.

Mittels der multivarianten PLS-Regression kann für eine Schätzung der Analyten-konzentration von 100 ppm eine quantitative Genauigkeit von besser als 3 %, bei einer Analytenkonzentration von 1000 ppm besser als 4 %, erreicht werden

Kapitel 12

12. Erlangung der Eindeutigkeit des Fabry-Perot-Filters

Ein Fabry-Perot-Interferometer ist aus prinzipiellen Überlegungen, wie bereis in Kapitel 1 gezeigt, dann vieldeutig, wenn der eindeutige Abstimmbereich kleiner des gewünschten nutzbaren Spektralbereichs ist. Im Abschnitt 1.1.3 ist ein Ausdruck für den eindeutig abstimmbaren Bereich abgeleitet worden. Man erkennt an diesem Ausdruck, daß für kleine Spiegelabstände und somit kleine Ordnung und große Wellenlängen der eindeutig abstimmbare Spektralbereich am größten ist. Weiter sieht man, daß für diesen Sensor der eindeutige Abstimmbereich immer kleiner des nutzbaren Spektrums ist, so daß ohne zusätzliche Filter keine Eindeutigkeit erreicht werden kann.

Wird diese gefordert - nicht immer ist sie notwendig, siehe dazu auch Kapitel 6 - so gibt es unter anderem die im Folgenden beschriebenen Möglichkeiten, Eindeutigkeit zu erlangen.

12.1. Wechselbare Festfilter

Das optische Vorschalten von Festfiltern mit verschiedenen Bandpaßcharakteristika ist eine gängige und preiswerte Möglichkeit. Hierbei wird mit einem Satz aufeinander abgestimmter Filter die Eindeutigkeit erreicht, indem der Spektralbereich der Quelle auf den jeweils eindeutig abstimmbaren Bereich des Sensors eingeschränkt wird. Dabei werden in der Regel dielektrische Bandpaßfilter verwendet. Prinzipiell können auch Hoch- bzw. Tiefpaßfilter hintereinander geschaltet werden, um die gewünschte Transmissionscharakteristik zu erzielen. In der Praxis wird dies jedoch wegen der höheren Zahl von Reflexionen an den Medienübergängen vermieden.

Die Anzahl der nötigen Filter hängt stark von der zulässigen Resttransmission der unerwünschten Peaks ab. Bild 12.1 verdeutlicht diesen Zusammenhang. Dargestellt ist die Transmission für einen Spiegelabstand des Filters von $d = 6\ \mu m$. Die Spiegel sollen sich wellenlängenunabhängig verhalten mit R = 0.85 und T = 0.05. Weiter sind die Filterkanten für zwei verschiedene Resttransmissivitäten eingetragen.

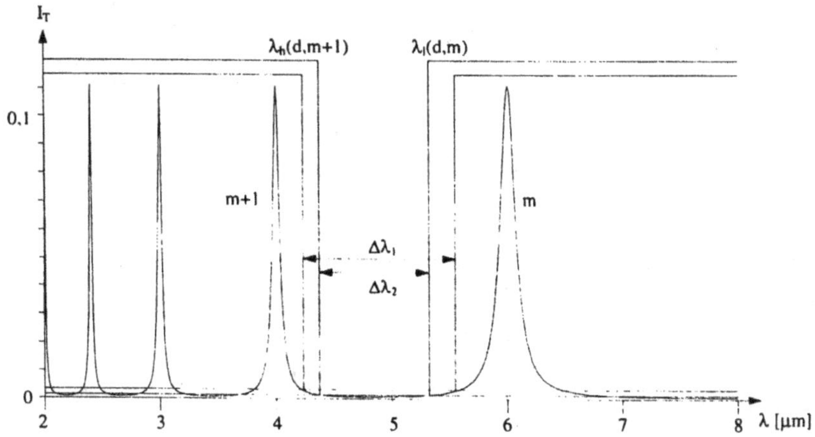

Bild 12.1.: Eindeutiger Abstimmbereich für zwei verschiedene Resttransmissivitäten

Verwendet man für den gesamten nutzbaren Spektralbereich einen Transmissionspeak mit der Ordnung m, so ist die Güte konstant. Gleichzeitig kommt man mit einer minimalen Anzahl an Festfiltern aus.

Die Güte kann im Bereich kleiner Wellenlängen erhöht werden, indem man immer auf Peaks höherer Ordnung zurückgreift. Dies setzt allerdings eine größere Anzahl an Festfiltern voraus. Hier muß man anwendungsorientiert entscheiden, ob eine hohe Auflösung oder ein schneller Scanvorgang wichtiger ist.

Geht man wieder von einem luftgefüllten Filter und senkrechtem Lichteinfall aus und löst man Gleichung 1.9 nach der Wellenlänge auf, so erhält man unter Beachtung der Periodizität des Sinus

$$\lambda(d,m)=\frac{2\pi * d}{m\pi \pm \arcsin\sqrt{\frac{I_{T_0}-I_T}{I_T} * \frac{(1-R)^2}{4R}}} \tag{12.1}$$

Hier sieht man, daß zu jedem Peak der Ordnung m zwei Wellenlängen mit bestimmter Transmission I_T größer der Minimaltransmission existieren. Im Folgendem wird die kleinere der beiden Wellenlängen mit dem Index l (lower) und die größere mit dem Index h (higher) gekennzeichnet.

$$\lambda_l(d,m) = \frac{2\pi * d}{m\pi + \arcsin\sqrt{\frac{I_{T_0} - I_T}{I_T} * \frac{(1-R)^2}{4R}}} \tag{12.2}$$

bzw.

$$\lambda_h(d,m) = \frac{2\pi * d}{m\pi - \arcsin\sqrt{\frac{I_{T_0} - I_T}{I_T} * \frac{(1-R)^2}{4R}}} \tag{12.3}$$

Beschränkt man sich auf konstante Güte, so erstreckt sich der jeweils eindeutige Abstimmbereich von $\lambda_h(d,m+1)$ bis $\lambda_l(d,m)$. Der restliche Spektralbereich muß durch entsprechende Festfilter ausgeblendet werden.

Für $I_T = I_{T,min}$ fallen die Wellenlängen $\lambda_h(d,m+1)$ und $\lambda_l(d,m)$ gerade zusammen und die Anzahl der nötigen Festfilter geht gegen unendlich.

Der Spiegelabstand muß in den Grenzen von

$$d = \frac{\lambda_l}{2\pi} * \left(m\pi + \arcsin\sqrt{\frac{I_{T_0} - I_T}{I_T} * \frac{(1-R)^2}{4R}} \right) \tag{12.4}$$

bis

$$d = \frac{\lambda_h(d,m+1)}{2\pi} * \left(m\pi - \arcsin\sqrt{\frac{I_{T_0} - I_T}{I_T} * \frac{(1-R)^2}{4R}} \right) \tag{12.5}$$

variiert werden, um den Transmissionspeak der Ordnung m durch den gesamten, von den Festfiltern transmittierten Spektralbereich schieben zu können.

In der Tabelle 12.1 sind die nötigen Eckwellenlängen der Bandpaßfilter wiedergegeben, die erforderlich sind, wenn man 1 % der Maximaltransmission für die Nebenpeaks zuläßt und sich auf den Peak der Ordnung m = 2 beschränkt.

Filter Nr	Cut-On-Frequenz	Cut-Off-Frequenz	min. Spiegel-abstand	max. Spiegel-abstand
1	5,75	8,00	5,126	8,0
2	4,58	5,75	4,081	6,368
3	3,64	4,58	3,248	5,069
4	2,90	3,64	2,586	4,035
5	2,31	2,90	2,058	3,212
6	1,84 (2,00)	2,31	2,000	2,557

Tab. 12.1: Nötigte Bandpaßfilter für den Peak der Ordnung m = 2 und 1% Resttransmission

In Tabelle 12.2 ist dasselbe Filter betrachtet, nur wird hier lediglich 0.1 % der Maximaltransmission für die Nebenpeaks zugelassen. Die Zahl der nötigen Filter erhöht sich von 6 auf 13 Stück.

Filter Nr	Cut-On-Frequenz	Cut-Off-Frequenz	min. Spiegel-abstand	max. Spiegel-abstand
1	6.111	8.000	4.945	9.526
2	5.558	6.111	4.497	7.276
3	5.055	5.558	4.091	6.618
4	4.598	5.055	3.721	6.020
5	4.182	4.598	3.384	5.475
6	3.804	4.182	3.078	4.980
7	3.460	3.804	2.800	4.529
8	3.147	3.460	2.546	4.120
9	2.862	3.147	2.316	3.747
10	2.603	2.862	2.107	3.408
11	2.368	2.603	1.916	3.100
12	2.154	2.368	1.743	2.819
13	2,0	2.154	1.585	2.564

Tab. 12.2: Nötigte Bandpaßfilter für den Peak der Ordnung m = 2 und 0,1% Resttransmission

Die Anzahl der Filter steigt auch, wenn man jeweils die optimale Auflösung erzielen will. Dann braucht man, ausgehend von obigen Filtern und 1% Resttransmission die in Tabelle 12.3 wiedergegebenen Bandpaßfilter, um eindeutig abstimmen zu können. Die Güte ist jeweils in der letzten Spalte angegeben.

Filter Nr	Cut-On-Frequenz	Cut-Off-Frequenz	min. Spiegel-abstand	max. Spiegel-abstand	Güte
1	5.747	8.000	5.126	8.864	39
2	4.975	5.747	4.437	6.368	39
3	4.228	4.975	5.886	8.000	58
4	3.795	4.228	5.282	6.799	58
5	3.345	3.795	6.328	8.000	77
6	3.067	3.345	5.803	7.050	77
7	2.766	3.067	6.617	8.000	97
8	2.574	2.766	6.157	7.215	97
9	2.359	2.574	6.821	8.000	116
10	2.217	2.359	6.412	7.330	116
11	2.056	2.217	6.972	8.000	135
12	1.947	2.056	6.606	7.416	135

Tab. 12.3: Nötige Bandpaßfilter für optimale Güte und 1% Resttransmission

Reduziert man die zulässige Resttransmission wieder auf 0,1%, so erhöht sich die nötige Filterzahl auf 23 Stück.

Die höhere Anzahl von Festfiltern wirkt sich nicht nur in einem höheren Preis für das erforderliche Equipment aus, vielmehr steigt die Zahl der Scanvorgänge mit der Zahl der vorgeschalteten Festfilter. Ist das Wechseln der Filter nicht automatisch möglich, so steigt die Zeit für eine komplette Messung sehr stark an. Abgesehen davon ist ein selbständiges Abscannen des gesamten Bereichs so nicht mehr möglich. Dieses Konzept zur Erlangung der Eindeutigkeit des Infrarot-Sensors vereinbart sich nicht mit dem sonstigen Sensorkonzept, so daß es als wenig anwendungsrelevant anzusehen ist.

12.2. Festfilter mittels Antireflexbeschichtung

Beschränkt man sich von Anfang an auf einen kleinen Spektralbereich, um zum Beispiel an einer Absorptionskante einer Flüssigkeit entlang zu modulieren, so kann man diese Spektralbereichseinschränkung mit den ohnehin nötigen Antireflexbeschichtungen vornehmen. Die Dimensionierung von Antireflexschichten für einen vorgegebenen

Spektralbereich ist bereits in Kapitel 5.1.3 besprochen worden. Dies ist ein sehr elegantes Verfahren, da so von einer Funktionsgruppe mehrere Aufgaben übernommen werden. Weiter ist die Antireflexbeschichtung für einen kleineren Spektralbereich effizienter, da mit jeder Schicht, unabhängig vom Spektralbereich, ein weiteres Minimum im Transmissionsbereich auftritt.

Liegt der zu beobachtende Spektralbereich unterhalb von 51/3 µm, so kann dieser Bereich bereits mit drei Maxima durchfahren werden. Da jedes dieser Maxima einen anderen Transmissionsverlauf aufweist, können auf diese Weise weitere Informationen gewonnen werden.

Vorteilhaft wirkt sich aus, daß ohne manuellen Eingriff das reduzierte Spektrum gemessen werden kann, was für eine automatisierte Messung zur Überwachung Grundvoraussetzung ist. Der Einsatz ohne weitere vorgeschaltete Filter reduziert auch die Reflexionsverluste an den Übergängen verschiedener Medien.

12.3. Doppelfilter in Kombination mit Festfiltern

Eine weitere Möglichkeit zur Erlangung der Eindeutigkeit in einem weiten Spektralbereich besteht in der Hintereinanderschaltung von zwei abstimmbaren Fabry-Perot-Filtern. Dabei wird das eine mit einer möglichst niedrigen Ordnung - zum Beispiel $m = 1$ - und das andere bei einer höheren Ordnung betrieben. Somit wird eine breitbandige Transmission mit einem großen eindeutig abstimmbaren Bereich über einen schärferen Transmissionspeak gelegt. Der breite Transmissionsbereich läßt nur einen Peak des höherauflösenden Filters passieren und sorgt so für die Eindeutigkeit der Anordnung, während das Filter mit höherer Ordnung die nötige Auflösung erzielt.

Da die optische Serienschaltung zweier Filter numerisch der Multiplikation der Transmissionscharakteristika entspricht, ist allerdings Grundvoraussetzung, daß das Filter, das in Transmission betrieben wird, eine hohe, möglichst wellenlängenunabhängige Maximaltransmission aufweist, um das zweite Filter mit dem integrierten Detektor mit Strahlung ausreichender Intensität speisen zu können. Dies ist nur mit dielektrischen Spiegeln und einer niedrig dotierten Membran möglich. Die Einflüsse der Dotierung von Silizium-schichten ist ausführlich in Kapitel 3.1 behandelt worden.

Die Spiegelabstände der beiden Filter müssen der Beziehung

$$d_2 = d_1 * \frac{m_2}{m_1}$$

d_1 := *Spiegelabstand des schmalbandigen Filters* (12.6)
m_1 := *Ordnung des schmalbandigen Filters*
d_2 := *Spiegelabstand des breitbandigen Filters*
m_2 := *Ordnung des breitbandigen Filters*

gehorchen, damit je ein Transmissionspeak von den Filtern auf dieselbe Wellenlänge zu liegen kommt.

Berücksichtigt man die technologischen Grenzen für die Resonatorabstände (d = 1-8 µm) und den maximalen Spektralbereich (λ = 2-8 µm), so kann m Werte von 1 bis 8 annehmen. Aus Gleichung 12.6 folgt, daß das Verhältnis m_2/m_1 nur Werte im Bereich von 1/8 bis 8 annehmen kann. Allerdings ist der Bereich ab dem Wert 1 spiegelsymmetrisch, es wird nur das breitbandige und das schmalbandige Filter vertauscht. Die Extremwerte dieses Bereichs scheiden ebenso aus, da hier eines der beiden Filter bereits an der Grenze des Auslenkbereichs betrieben wird und somit kein Abstimmen mehr möglich ist. Somit ergeben sich 17 verschiedene Verhältnisse m_2/m_1, bei denen ein gemeinsamer Transmissionspeak im gewünschten Spektralbereich liegt. Es gilt nun, ein solches Verhältnis von m_2/m_1 zu finden, das einen möglichst großen eindeutigen Abstimmbereich bei möglichst hoher Güte ermöglicht. Ein m_2/m_1-Verhältnis von 5/4 gestattet im Spektralbereich von 2 bis 3.1 µm ein Durchstimmen mit einer Güte von 97 ohne weitere Festfilter bei einer Resttransmission von 1%. Für ein m_2/m_1-Verhältnis von 3/4 reicht dieser Bereich sogar bis 3.85 µm, allerdings nur mit einer Güte von 77.

Für den restlichen Bereich des Spektrums existiert kein m_2/m_1-Verhältnis, das nicht mindestens noch einen zweiten Transmissionspeak aufweist. Will man einen optisch eindeutigen Infrarot-Sensor realisieren, so muß der übrige Spektralbereich mit Festfiltern eindeutig gemacht werden.

Der maximal mögliche eindeutige Abstimmbereich ergibt sich für Filter der Ordnung m = 1 und erstreckt sich von

$$\lambda_h(d) = \frac{2\pi * d}{2\pi - \arcsin\sqrt{\frac{I_{T_0} - I_T}{I_T} * \frac{(1-R)^2}{4R}}} \tag{12.7}$$

bis

$$\lambda_l(d) = \frac{2\pi * d}{\pi + \arcsin\sqrt{\frac{I_{T_0} - I_T}{I_T} * \frac{(1-R)^2}{4R}}}. \tag{12.8}$$

Dies ergibt bei einem maximalen Spiegelabstand von d = 4µm und 1% Resttransmission einen maximal eindeutig abstimmbaren Bereich von $\Delta\lambda_{max} = \lambda_l(4\mu m) - \lambda_h(4\mu m) = 3{,}5\mu m$. Der gesamte Spektralbereich kann somit mit zwei Festfiltern eindeutig durchgescannt werden. Die Eckfrequenzen dieser Filter sind in Tabelle 12.4 wiedergegeben.

Filter-Nr	Cut-On-Wellenl.	Cut-Off-Wellenl.	$d_{1,min}$	$d_{1,max}$	$d_{2,min}$	$d_{2,max}$	m_2/m_1	Güte
1	4,1	8	3,9	8	1,95	4	2/1	39
2	2,7	8	3,9	8	2,6	5,33	3/2	58

Tabelle 12.4: Nötige Festfilter, um eine Doppelfilteranordnung optisch eindeutig zu machen

Nimmt man für das breitbandige Filter die niedrigst mögliche Ordnung $m_2 = 1$ an, so kann in Abhängigkeit der maximalen Resttransmission der unerwünschten Peaks des schmalbandigen Filters dessen maximal mögliche Ordnung und somit dessen Güte bestimmt werden:

$$m_1 = \mathrm{int}\left[\frac{\lambda_l(m_2 = 1) * \left[\pi - \arcsin\sqrt{\frac{I_{T_0} - I_T}{I_T} * \frac{(1-R)^2}{4R}}\right]}{\left[\frac{2 * d_2}{m_2} - \lambda_l(m_2 = 1)\right] * \pi}\right] \tag{12.9}$$

Für obiges Filter ergibt sich hier $m_1 = 3$. Dieser Wert kann aber erst für Wellenlängen kleiner $\lambda = 4{,}975$ µm aufgrund des begrenzten Spiegelabstands realisiert werden. Vorher muß mit $m_1 = 2$ gearbeitet werden.

Verzichtet man auf die optische Eindeutigkeit und wendet ein numerisches Verfahren an, so kann ohne weitere Festfilter der gesamte nutzbare Spektralbereich eindeutig gescannt werden (Resttransmission 1%). Dabei nutzt man die Tatsache, daß man 17 verschiedene Möglichkeiten hat, die zwei Filter aufeinander abzustimmen, um jeweils mindestens einen Transmissionspeak im nutzbaren Spektralbereich zu erhalten. Verwendet man ein m_2/m_1-Verhältnis von 5/4, so läßt sich der Spektralbereich von 2 bis 3,1 µm ohne weitere Festfilter eindeutig scannen. Dabei hat man eine Güte von mindestens 97. Anschließend scannt man mit einem m_2/m_1-Verhältnis von 3/2 den Bereich von 2,7 bis 4,15 µm. Dabei ist das Doppelfilter nicht eindeutig, es existiert ein weiterer Peak im Bereich von 2 bis 2,7 µm, dessen Anteil aber bereits durch die erste Messung bekannt ist, und der somit numerisch berücksichtigt werden kann. Die letzte Messung wird mit einem m_2/m_1-Verhältnis von 2/1 durchgeführt, wobei das Doppelfilter im Bereich bis 4,1 µm mehrdeutig, ab diesem Bereich eindeutig ist. Da der Bereich bis 4,15 µm aber bereits eindeutig vorliegt, kann auch hier numerisch die Vieldeutigkeit bis 4,1 µm eliminiert werden.

Mit dieser Doppelfilteranordnung kann die Zahl der Festfilter, die für ein optisch eindeutiges Transmissionsverhalten notwendig ist, im Vergleich zu einer Einzelfilteranordnung mehr als halbiert werden bzw. der eindeutig abstimmbare Bereich kann verdoppelt werden. Da es unmöglich ist, ein Fabry-Perot-Filter mit einer Ordnung kleiner $m = 1$ zu realisieren, ist es auch durch Erweiterung zu einem Dreifachfilter nicht möglich, die optische Eindeutigkeit ohne Festfilter zu erlangen, wenn man den gesamten Spektralbereich von $\lambda = 2 - 8$ µm verwenden will. Allerdings ist durch geeignete Signalauswertung die Eindeutigkeit auf numerischem Weg zu erreichen, wobei dann der verminderte optische Aufwand in die numerische Signalauswertung gesteckt wird.

12.4. Filter-Array mit Festfiltern

Die Grundintention eines Filter-Arrays ist die Möglichkeit, gleichzeitig bei verschiedenen Resonatorabständen messen zu können. Ohne weitere Festfilter ist auch bei geeigneter

Signalauswertung die Eindeutigkeit dieser Anordnung nicht erreichbar, da immer nur das Summensignal über mehrere Transmissionspeaks zur Verfügung steht und die Peakform sich mit unterschiedlichen Resonatorabständen ändert. Dies ist insofern verständlich, da durch die gleichzeitige Messung mit mehreren baugleichen Sensoren keine zusätzlichen Informationen im Vergleich zu sequentiellen Messungen gewonnen werden können. Somit macht ein Array die eindeutige Erfassung des gesamten Spektralbereichs nur möglich, wenn die Einzelelemente verschiedene Charakteristika aufweisen. Hier ist im wesentlichen nur eine Möglichkeit denkbar, nämlich unterschiedliche spektrale Empfindlichkeiten für die Einzelelemente zu wählen.

Somit ergibt sich die notwendige Zahl von Arrayelementen, die nötig sind, um eindeutige Verhältnisse zu erreichen, bei höchstmöglicher Auflösung zu sechs. Dies resultiert aus folgender Überlegung: Schneidet man mit einem Tiefpaßfilter alle Transmissionspeaks bis auf den höchster Ordnung ab, so kann man den sich so ergebenden Spektralbereich mit höchstmöglicher Auflösung scannen. Bei dem nächsten Element werden alle Peaks bis auf den der höchsten und zweithöchsten Ordnung durch einen entsprechenden Tiefpaßfilter ausgeblendet. Dieses Array-Element ist zweideutig, kann aber, da die Transmission im kürzerwelligen Bereich bereits bekannt ist, numerisch eindeutig gemacht werden. Mit weiteren Array-Elementen, die nach dem gleichen Schema wie oben geschildert, jeweils nur ein Teilspektrum erfassen, wird der gesamte Bereich durchfahren. Mit entsprechenden numerischen Verfahren wird dann das Transmissionsspektrum berechnet.

Im Vergleich zu einem Einzelsensor mit vorgeschalteten Festfiltern ist ein automatisches Scannen des gesamten Bereichs ohne manuellen Filterwechsel möglich. Weiter ist die Zahl der nötigen Elemente kleiner oder gleich der nötigen Anzahl von Festfiltern, dafür ist aber eine unter Berücksichtigung der technologischen Grenzen optimale Auflösung gegeben. Im Vergleich zum Doppelfilter ist der Sensoraufwand erheblich größer, dafür ist ein paralleler Betrieb aller Arrayelemente möglich, was einen entsprechenden Geschwindigkeitsvorteil bedeutet.

Das Problem im Vergleich zu Einzel- oder Doppelfiltern liegt in der Anordnung der Sensoren. Es muß darauf geachtet werden, daß alle Elemente des Arrays das gleiche Ausgangsspektrum angeboten bekommen, sofern es sich nicht um konstante Effekte handelt, die numerisch berücksichtigt werden können. Weiterhin soll der Aufbau des Gesamtsystems die Größe des Einzelsensors nicht wesentlich überschreiten, da ansonsten die Vorteile eines kleinen kompakten Meßsystems verloren gingen.

Die sechs nötigen Sensoren im Array sind nur mit hohem optischen Aufwand so anzuordnen, daß alle mit demselben Ausgangsspektrum gespeist werden können. Die wohl einfachste Konstellation ist in Bild 12.2 dargestellt. Zwei konzentrische Rohre bestimmen durch ihre Radien die Absorptionslänge. Im Inneren des kleineren Rohres befindet sich die Quelle in Form eines Glühfadens oder Nernst-Stiftes. Um die Rohre sind radialsymmetrisch die Sensorelemente angeordnet. Eine so aufgebaute Anordnung hat bei den jetzigen Elementabmessungen einen Mindestaußendurchmesser von 9 cm. Weiter ist eine Küvette, die als Doppelrohr mit innen liegender Quelle aufgebaut ist, teuer, kaum zerlegbar und somit schlecht zu reinigen und im Schadensfall nahezu irreparabel.

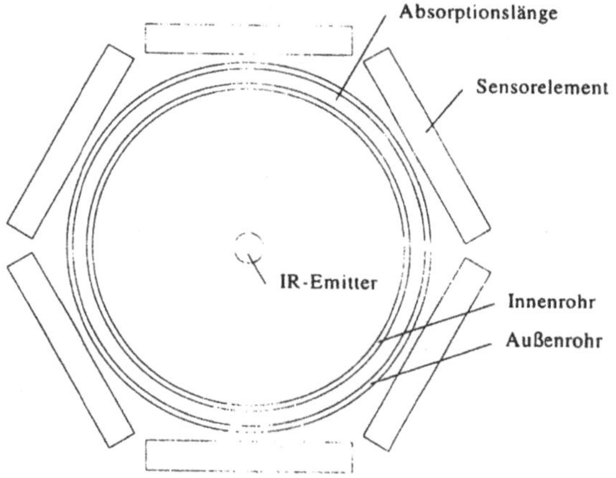

Bild 12.2: Mögliche Anordnung für ein Sensor-Array mit 6 Elementen

Wie bereits im vorherigen Abschnitt gezeigt wurde, ist mit zwei Filtern mit unterschiedlich aufeinander abgestimmten Resonatorabständen und entsprechender Signalauswertung ein eindeutiger Scanvorgang realisierbar. Mit einem Filter-Array erzielt man zwar eine um den Faktor 3 höhere Scangeschwindigkeit. Ob dieser Vorteil aber im Vergleich zu einem wesentlich höheren optischen Aufwand gerechtfertigt ist, ist fraglich.

Kapitel 13

13. Wertung und Vergleich mit anderen Infrarot-Spektrometer-Systemen

Bei der Beurteilung des integrierten Infrarot-Sensors müssen der erreichte und der theoretisch erreichbare Stand ebenso berücksichtigt werden, wie andere Prinzipien miniaturisierter Spektrometer.

Hier sind vor allem jene miniaturisierten Spektrometer zu nennen, die mit einem Festgitter als dispersives Element und einer CCD-Zeile als Detektor arbeiten. Diese Systeme können den aktuellen hochentwickelten Stand moderner CCD-Zeilen, wie sie jährlich zu Millionen in Videokameras und Faxgeräten eingebaut werden, nutzen. Dies macht sich einerseits in einer sehr leistungsstarken Detektivität, andererseits in einem niedrigen Preis bemerkbar. Der größte Nachteil dieser Miniaturspektrometer ist allerdings systemimmanent. Die Silizium-CCD-Detektor-Zeilen funktionieren nur bis zu einer Grenzwellenlänge $\lambda_c = 1{,}1\ \mu m$, da mit längerwelliger Strahlung der Bandabstand nicht mehr überwunden werden kann. Silizium wird transparent. Aber für die Spektroskopie ist gerade der Wellenlängenbereich oberhalb von $\lambda = 2{,}5\ \mu m$ interessant. Dies entspricht genau der Resonanzfrequenz des Wasserstoffmoleküls, dem leichtest möglichen Molekül. Alle anderen Moleküle absorbieren folglich bei größeren Wellenlängen. Niedrigere Wellenlängen sind nur durch Kombinations- oder Oberwellenschwingungen möglich, welche aber von minderem Interesse sind /7/ /71/.

Es wäre eine Kombination von einem dispersiven Gitter mit einem Array von thermischen Detektoren, vor allem pyroelektrischen Detektoren denkbar. Diese erreichen eine sehr hohe Responsivität bei einfachem Aufbau und großer Robustheit. Nachteilig wirkt sich aus, daß der pyroelektrische Effekt eine gechoppte Strahlungsquelle voraussetzt und daß die pyroelektrischen Kristalle verstärkt mikrophonieempfindlich sind. Weiter ist die Inkompatibilität zur Silizium-Technologie mitverantwortlich für die geringe

Integrationsdichte und somit geringe Ortsauflösung solcher Anordnungen, was zu einer schlechten optischen Auflösung führt.

Ein vielfach angewendetes Nachweisverfahren nutzt das Eintrittsfenster oder das Füllgas eines Infrarot-Detektors, um bestimmte Spektralanteile aus dem breitbandigen Spektrum zu eliminieren oder zu transmittieren (Breitband-/Schmalband-Filter). Dies geschieht mit auf das Eintrittsfenster aufgebrachten dielektrischen Multilayern oder durch entsprechende Gasfüllungen im Detektorgehäuse. Hiermit ist mit einfachsten Mitteln der Nachweis einer oder aber im besten Fall weniger Substanzen möglich. Dies ist eine billige Lösung, die aber hoch selektiv und sehr empfindlich arbeiten kann.

Um eine größere Anzahl verschiedener Stoffe detektieren zu können, werden oftmals mechanisch/motorisch vor einen breitbandig empfindlichen Detektor schmalbandige Transmissionsfilter geschoben. Um einen quasi kontinuierlichen Durchstimmvorgang zu erhalten, sind eine Vielzahl fein aufeinander abgestimmter Filter notwendig. Diese Aufbauten sind umfangreich (Anzahl der Filter), schmutzanfällig, mechanisch aufwendig und langsam. Einfacher ist es, eine größere Anzahl selektiv beschichteter Detektoren hinter derselben Küvette anzuordnen, was aufgrund der immer kleiner werdenden Sensoren (Mikromechanik) immer leichter wird. Dies bietet den Vorteil der schnellen und gleichzeitigen Messung mehrerer Spektralanteile.

Im Vergleich zu Standard-Labor-Spektrometern kann dieser Infrarot-Sensor in Bezug auf die Auflösung und die Nachweisempfindlichkeit nicht konkurrieren. Hier liegt ein völlig anderes Systemkonzept zugrunde. Heute kann man mit handelsüblichen FT-Infrarot-Spektrometern problemlos über einen Wellenlängenbereich von circa 2 bis 20 μm Messungen mit einer Auflösung von 4 bis 40 nm durchführen. Allerdings füllen diese Geräte einen Labortisch, reagieren auf Temperaturschwankungen sehr empfindlich, müssen für gleichbleibende Meßgenauigkeit ständig beheizt sein und besitzen eine Leistungsaufnahme von mehreren 100 W. Für den Einsatz „vor Ort“ zur groben Analyse sind solche Geräte ungeeignet. Außerdem liegt ihr Preis mit etlichen zehntausend Mark weit über dem, was ein in Silizium-Mikromechanik gefertigtes System an Kosten verursachen würde (Batchprozeß).

Die Hauptmotivation der Silizium-Mikromechanik liegt in dem Ziel, preisgünstige, vollintegrierte Sensoren, möglichst mit der gesamten Ansteuerelektronik und angekoppelter

Signalauswertung, auf einem Chip zu realisieren. Zur optischen Detektion von Gasen wurde auf dem Gebiet der Mikromechanik in erster Linie von integrierten Thermosäulen in einer Vielzahl von Veröffentlichungen berichtet. Uns ist jedoch bislang keine Arbeit bekannt, die die Integrationsmöglichkeiten eines durchstimmbaren Filters als wellenlängenselektives Element untersucht. Aufgrund der hohen Absorption von Flüssigkeiten und somit möglicher und nötiger kleiner Küvettenlängen bietet sich dieses System speziell zum Nachweis von flüssigen Medien an. Bei entsprechend aufgebauten Langwegküvetten mit optischer Fokussierung ist der Nachweis von Gasen aber ebenso möglich. Besonders für portable Einsätze kann man sich kaum einen kompakteren Aufbau vorstellen.

Kapitel 14

14. Weitere Realisierungsvorschläge und -varianten

Eine wesentliche Verbesserung der Nachweisgrenze kann erzielt werden, wenn man die Siliziummembran durch eine Siliziumnitridmembran ersetzt. Dies resultiert aus der Tatsache, daß die Wärmeleitfähigkeit von Siliziumnitrid um den Faktor 10 kleiner ist als die von Silizium. Weiter sollte eine Reduzierung der Membrandicke auf weniger als die Hälfte der jetzt verwendeten Dicke möglich sein, womit der thermische Widerstand der Detektoraufhängung nochmals um den Faktor 2 steigt. Darüber hinaus kann die Nachweisgrenze weiter gesenkt werden, wenn es möglich ist, vom Platin-Bolometer auf Polysilizium-Metall-Thermoelemente mit niedrigem Innenwiderstand überzugehen. Daraus resultiert eine Verbesserung um mindestens den Faktor 5.

Die optischen Eigenschaften könnten verbessert werden, indem man statt der eingesetzten Metallspiegel dielektrische Multilayer verwendet. Dies führt zu einer Verbesserung der Reflexions-/Transmissionscharakteristika der Spiegel, was für den Filter schärfere Transmissionspeaks bedeutet. Somit kann die Trennung zwischen verschiedenen Substanzen verbessert werden.

Eine weitere Möglichkeit der Verbesserung ist eine Erhöhung der Anzahl der Antireflexschichten. Damit wäre es möglich, eine breitbandig gleichmäßigere Entspiegelung zu erreichen und gleichzeitig ein scharfkantiges Bandpaßfilter aufzubauen, mit dem der Spektralbereich auf die gewünschten Anteile eingeschränkt wird.

Um die Vieldeutigkeit des Fabry-Perot-Filters aufzuheben, wird eine Doppelfilterstruktur vorgeschlagen. Hierbei werden zwei Filter, die aufeinander abgestimmt sind, vor den Detektor geschaltet. Das erste ist ein breitbandiges Filter, das den für das zweite Filter sichtbaren Spektralbereich auf nur einen Transmissionspeak einschränkt. Bild 14.1 zeigt eine solche Struktur.

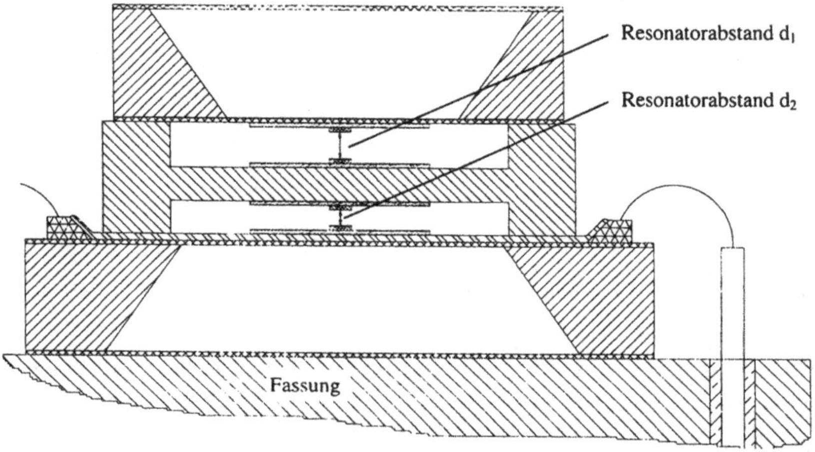

Bild 14.1: Doppelfilterstruktur zur Erweiterung des eindeutig abstimmbaren Spektralbereichs

Für Anwendungen, bei denen die Vieldeutigkeit wenig Relevanz hat, aber schärfere Transmissionspeaks gefordert werden, wird eine Struktur vorgeschlagen, bei der der optische Filter und der Antrieb örtlich getrennt liegen. Somit kann mit dem gleichen Antriebs- und Regelprinzip eine sehr hohe Filterordnung erzielt werden. Bild 14.2 zeigt einen entsprechenden Strukturvorschlag.

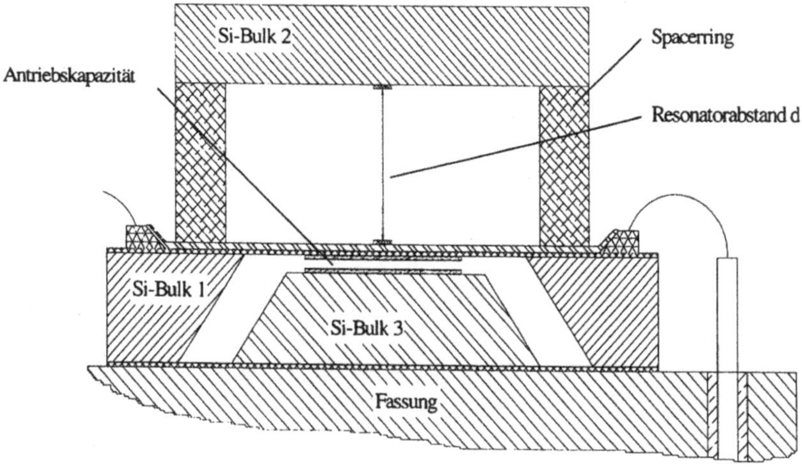

Bild 14.2: Filterstruktur mit großen Resonatorabständen für große Auflösungen

Um die Systemkosten zu senken, muß eine kleinere Chipfläche pro Element angestrebt werden. Dies ist nur möglich, wenn man auch kleine Kapazitäten sicher und exakt messen kann, da die Plattenkapazitäten bisher für die große Membran verantwortlich waren. Nach unten wird die Fläche lediglich durch die mechanische Belastung der Membran bei Auslenkung begrenzt.

Weiterhin ist es möglich, die Ansteuer- und Auswerteelektronik teilweise mit zu integrieren, so daß der äußere Beschaltungsaufwand wesentlich reduziert werden kann. Damit ist auch eine Reduzierung der parasitären Kapazitäten und Widerstände verbunden, die sich positiv auf die Sensoreigenschaften auswirkt.

Hält man nicht an der Silizium-Technologie fest, so kann man die Silizium-Mulde gegen ein entsprechendes Stück Kalziumfluorid ersetzen. Dies hätte den Vorteil, daß der Brechungsindex von Kalziumfluorid nur n = 1,28 beträgt, und somit auf Antireflexbeschichtungen verzichtet werden könnte. Weiterhin ist Kalziumfluorid ein sehr inertes Kristall, welches als Standard-Küvettenmaterial weit verbreitet ist. Hier könnte es die Silizium-Mulde ersetzen und gleichzeitig ein Küvettenfenster bilden.

Bezeichnung der Symbole

ρ	Dichte	[kg/m³]
η	differentielle Thermospannung	[V/K]
θ	Einfallswinkel	[°]
ν	Frequenz	[Hz]
ε	gemittelter Emissionskoeffizient	[]
ω	Kreisfrequenz	[1/s]
φ	Phasendifferenz	[°]
α	Wärmeübergangskoeffizient	[W/m² K]
λ	Wellenlänge	[m]
$\Delta\lambda$	eindeutig abstimmbarer Spektralbereich	[m]
$\lambda_{th.M}$	Wärmeleitfähigkeit der Membran	[W/mK]
α, β, χ	Transmissionsamplituden	[]
ϕ_1, ϕ_2	Austrittsarbeiten	[eV]
α_B	Temperaturkoeffizient des Bolometerwiderstands	[1/K]
λ_c	Grenz-Wellenlänge	[m]
α_{fc}	Absorptionskoeffizient durch freie Ladungsträger	[1/m]
α_I	Stromtemperaturkoeffizient	[A/K]
α_s	Strahlungsabsorptionskoeffizient	[]
α_U	Spannungstemperaturkoeffizient	[V/K]
ϕ_s	Stahlungsfluß	[W/m²]
σ_s	Stefan-Bolzmann-Konstante	[W/m² K⁴]
τ_{th}	thermische Zeitkonstante	[s]
τ_Z	technologisch eingestellte Zugspannung	[N/m²]
ν	Frequenz der Strahlung	[Hz]
A	Absorptionskoeffizient	[]
A_M	Absorption der Membran	[]

A_{Au}	Absorption der Schwarzgoldschicht	[]
A	Plattenfläche	[m²]
a, b, c	Reflexionsamplituden	[]
a_s	Auslenkung der Membran	[m]
A_s	Sensorelementfläche	[m]
b	Breite verschiedener Schichten	[m]
c	spezifische Wärmekapazität	[Ws/kgK]
c'	volumenbezogene Wärmekapazität	[Ws/m³K]
c	Vakuumlichtgeschwindigkeit	[m/s]
C	elektrische Kapazität	[F]
C_{th}	thermische Kapazität	[Ws/K]
C_V	volumenbezogene Wärmekapazität	[Ws/m³K]
C_{sx}	Plattenkapazität des Sensors	[F]
d	Abstand	[m]
d'	effektiver Abstand	[m]
D^*	spezifische Detektivität	[cmHz$^{1/2}$/W]
d_a	Detektordurchmesser	[m]
d_M	äquivalenter Durchmesser der Membran	[m]
d_m	Dicke der Metallisierung	[m]
d_S	Membrandicke	[m]
d_{th}	technologisch eingestellter Plattenabstand	[m]
d_{Abs}	Absorptionslänge für berechnete Transmission	[m]
d_{Ref}	Absorptionslänge der gemessenen Transmission	[m]
E	Elastizitätsmodul	[N/m²]
e	Elementarladung	[As]
E_C	Leitungsbandniveau	[eV]
E_F	Ferminiveau	[eV]
E_g	Bandabstand	[eV]
E_{Ph}	Photonenenergie	[eV]
E_r	reflektierte Feldstärke	[V/m]
E_{Vak}	Vakuumenergieniveau	[eV]
f_x	Frequenzen	[Hz]

Δf	Meßbandbreite	[Hz]
F_A	Anziehungskraft	[N]
F_a	Auslenkkraft	[N]
F_{as}	Ersatzfederkonstante der Membran	[N/m]
h	Planck-Konstante	[Ws²]
HW	Halbwertsbreite	[m]
I	Strom	[A]
I_B	Strom durch Bolometerwiderstand	[A]
I_R	reflektierte Intensität	[]
I_T	transmittierte Intensität	[]
I_{T0}	maximale, transmittierte Intensität	[]
k	Bolzmann-Konstante	[Ws/K]
k_{Th}	Anzahl der Thermoelemente in einer Thermosäule	[]
L	Kantenlänge der Membran	[m]
L_x	Induktivität	[H]
l	Länge	[m]
l_B	Länge der Bolometerwiderstandsbahn	[m]
m	Masse	[kg]
m	natürliche Zahl	[]
n	Brechungsindex im Fabry-Perot-Interferometer	[]
n_0	Brechungsindex des umgebenden Mediums	[]
n_{AR}	Brechungsindex der Antireflexschicht	[]
N_A	Akzeptordotierung	[1/m³]
N_D	Donatordotierung	[1/m³]
n_s	Brechungsindex des Substrates	[]
n_x	Brechungsindizes von Schichten	[]
P_{el}	zugeführte/abgeführte elektrische Leistung	[W]
P_{opt}	zugeführte optische Leistung	[W]
P_M	durch Wärmeleitung der Membran abgeführte Leistung	[W]
P_R	Strahlungsleistung	[W]
P_Z	durch Wärmeleitung der Zuleitungen abgeführte Leistung	[W]
P_K	durch Konvektion abgeführte Leistung	[W]

P_R	durch Strahlung abgeführte Leistung	[W]
Q	Güte	[]
r	komplexer Reflexionsfaktor	[]
R	elektrischer Widerstand	[Ω]
R	Reflexionsfaktor	[]
R_B	Bolometerwiderstand	[Ω]
R_K	Wärmeübergangswiderstand aufgrund von Konvektion	[K/W]
R_M	Wärmewiderstand der Membran	[K/W]
R_R	Wärmeübergangswiderstand aufgrund von Strahlung	[K/W]
R_{Th}	Innenwiderstand des Thermoelements	[Ω]
R_{th}	thermischer Widerstand	[K/W]
R_Z	Wärmewiderstand der Zuleitungen	[K/W]
S	Empfindlichkeit	[V/W]
S_{KG}	Schwächung durch Kugeloberfläche	[]
s	Plattenabstand	[d]
t	komplexer Transmissionsfaktor	[]
T	Temperatur	[K]
ΔT	Temperaturdifferenz	[K]
T_U	Umgebungstemperatur	[K]
T	Transmissionskoeffizient	[]
T_{Misch}	Transmission des zu messenden Gemisches	[]
T_{Abs}	berechnete Transmission	[]
T_{Ref}	gemessene Transmission	[]
T_k	Transmission für k Schichten	[]
T_s	Temperatur der aktiven Detektorfläche	[K]
U	Spannung	[V]
ΔU	Spannungsdifferenz	[V]
U_{12}	Kontaktspannung	[V]
$\bar{u}_{Rn}$	äquivalente Rauschspannung	[V]
U_S	Signalspannung	[V]
V	Volumen	[m³]

Literaturverzeichnis

1. Ahlers, H. Waldmann, J.: Mikroelektronische Sensoren, Hüthig Buch Verlag, Heidelberg, (1990)
2. Balkanski, M.: Optical Properties of Solids, North-Holland Publishing Company, Amsterdam/New York/Oxford, (1980)
3. Baumeister, P., Carlson, F. E., Clark, C. N.: Applied Optics and Optical Engineering, Academic Press, New York and London, (1965)
4. Bousquet, P.: Spectroscopy and its instrumentation, Adam Hilger, London, (1971)
5. Bronstein, I. N., Semendjajew, K. A.: Taschenbuch der Mathematik, Verlag Harri Deutsch, Thun und Frankfurt, (1984)
6. Büttgenbach S.: Mikromechanik, B. G. Teubner Verlag, Stuttgart, (1994)
7. Derkosch, J.: Absorptionsspektralanalyse im ultravioletten, sichtbaren und infraroten Bereich, Akademische Verlagsgesellschaft, Frankfurt, (1967)
8. Espe, W.: Werkstoffe der Elektrotechnik, Akademie-Verlag, Berlin, (1954)
9. Frank, H., Snejdar, V.: Halbleiterbauelemente - Band 1, Akademie-Verlag, Berlin, (1964)
10. Frank, H., Snejdar, V.: Halbleiterbauelemente - Band 2, Akademie-Verlag, Berlin, (1964)
11. Gerthsen, Ch.; Kneser, H.O.; Vogel, H.: Physik, Springer Verlag, Berlin, Heidelberg, New York, (1986)
12. Göpel,W., Hesse, J., Zemel, J.N.: Sensor Fundamentals and General Aspects, VCH Verlagsgesellschaft, Weinheim, (1991)
13. Grigull, U.: Wärmeleitung, Springer Verlag, Berlin, (1979)
14. Gröber, H.; Erk; Grigull, U.: Die Grundgesetze der Wärmeübertragung, Springer Verlag, Berlin, (1988)
15. Hadamovsky, H.-F.: Werkstoffe der Halbleitertechnik, VEB Deutscher Verlag für Grundstoffindustrie, Leipzig, (1985)

16. Hariharan, P.: Optical Interferometry, Academic Press, Sydney, (1985)

17. Hass, G.: Physics of Thin Films, Volume 1, Academic Press, New York and London, (1963)

18. Hass, G., Thun, R.E.: Physics of Thin Films, Volume 2, Academic Press, New York and London, (1964)

19. Hauptmann, P.: Sensoren, Prinzip und Anwendung, Carl Hanser Verlag, München, (1990)

20. Heavens, O. S.: Optical properties of thin solid films, Dover Publications, New York, (1965)

21. Hecht, E.: Optik, Addison-Wesley Publishing Company, Bonn, (1991)

22. Hell, F.: Grundlagen der Wärmeübertragung, VDI-Verlag, Düsseldorf, (1982)

23. Herrmann, K., Walther, L.: Wissensspeicher Infrarottechnik, Fachbuchverlag, Leipzig, (1990)

24. Herzberger, M., Salzberg, C. D.: Refractive Indices of Infrared Optical Materials and Color Correction of Infrared Lenses, Journal of the Optical Society of America, Vol. 52, No. 4, (1962)

25. Heuberger, A.: Mikromechanik, Berlin, Springer Verlag, (1989)

26. Heywang, W.: Sensorik, Springer-Verlag, Berlin, (1984)

27. Holter, M. R.: Fundamentals of Infrared Technology, The Macmillan Company, New York, (1962)

28. Hudson, R.: Infrared System Engineering, John Wiley & Sons, New York, (1969)

29. Jackson, D. A., Kersey, A. D., Corke, M.: Confocal Fabry-Perot Sensor, Electronic Letters, Vol. 18, No. 5, (1982)

30. Janata, J.: Principles of Chemical Sensors, Plenum Press, New York and London, (1989)

31. Kingston, R. H.: Detection of Optical and Infrared Radiation, Springer-Verlag, Berlin, (1978)

32. Koeder, O., Heinz, C., Schmidt a A, W.: Abschlußbericht T/RF32/C0022/C1322 Themischer Silizium-Infrarot-Detektor, (1987)

33. Kruse, P.W., McGlauchlin, L. D., McQuistan, R.B.: Grundlagen der Infrarottechnik, Verlag Berliner Union GmbH, Stuttgart, (1971)

34. Kuchling, H.: Taschenbuch der Physik, Verlag Harri Deutsch, Thun und Frankfurt, (1985)

35. Lysenko, V. S., Mal'nev, A. F.: Optical Characteristics of Metal Blacks, Zhurnal Prikladnoi Spektroskopii, Vol. 10, No. 5, pp. 838-845, (1969)

36. Mallinson, S. R.: Wavelength-selective filters for single-mode fiber WDM systems using Fabry-Perot interferometers, Applied Optics, Vol. 26, No. 3, (1987)

37. Martin, A. E.: Infrared Interferometric Spectrometers, Elsevier Scientific Publishing Company, Amsterdam/Oxford/New York, (1980)

38. Mauder, A.: Herstellung und Untersuchung von dünnen Siliciummembranen, Diplomarbeit, Technische Universität München, (1991)

39. Mayer, H.: Physik dünner Schichten, Wissenschaftliche Verlagsgesellschaft mbH, Stuttgart, (1950)

40. McCarthy D. E.: The Reflection and Transmission of Infrared Materials: I-IV, Spectra from 2 - 50 Microns, Applied Optics, Vol. 2, No. 6, (1963)

41. Mende, D.; Simon, G.: Physik - Gleichungen und Tabellen, 7. Aufl., VEB Fachbuchverlag, Leipzig, (1981)

42. Moss, T. S.: Handbook on Semiconductors, Volume 2: optical Properties of Solids: North-Holland Publishing Company, Amsterdam, (1980)

43. Moss, T. S.: Relations between the Refractive Index and Energy Gap of Semiconductors, Phys. Stat. Sol. (b), (1985)

44. Müller, R.: Grundlagen der Halbleiter-Elektronik, Springer Verlag, Berlin, New-York, (1987)

45. Müller, R.: Rauschen, Springer Verlag, Berlin, New-York, (1979)

46. Münch v., W.: Einführung in die Halbleitertechnologie, B. G. Teubner, Stuttgart, (1993)

47. Navon, D. H.: Electronic Materials and Devices, Houghton Mifflin Company, Boston, (1975)

48. Niebling, G.:Identification of gases with classical pattern-recognition methods and artificial neural networks, Sensors and Actuators B, 18-19, (1994), 259-263

49. Ordal, M.A.: Optical properties of fourteen metals in the infrared and far infrared, Applied Optics, Vol. 24, No. 24, (1985)

50. Parameswaran, M.: A new Approach for the Fabrication of Micromechanical Structures, in: Sensors and Actuators, Elsevier Sequioia, Niederlande, (1989)

51. Parker, S. P.: Spectroscopy Source Book, McGraw-Hill Book Company, New York, (1988)

52. Peterson, K. E.: Silicon as a mechanical material. Proc. IEEE, 70 (1982), 420-457

53. Ruge, I.: Halbleiter-Technologie, 2. Auflage, Springer Verlag, Berlin, (1984)

54. Runyan W. R.: Silicon Semiconductor Technology, McGraw-Hill Book Company, New York, (1956)

55. Salzberg, C. D., Villa, J. J.: Infrared Refractive Indexes of Silicon, Germanium and Modified Selenium Glass, Journal of the Optical Society of America, Vol. 47, No. 3, (1957)

56. Savage, J. A.: Infrared Optical Materials and their Antireflection Coatings, Adam Hilger Ltd., Bristol and Boston, (1985)

57. Schanz, G. W.: Sensoren, Dr. Alfred Hüthig Verlag, Heidelberg, (1986)

58. Scheller, G.: Nachweisgrenze von Si-Planar-Pellistoren, Dissertation, Technische Universität München, (1993)

59. Schmidt auf Altenstadt, W.: DFG-Bericht, Mu 247/83-1: Hochtemperatur-Wärme-tönungs-Gassensor in Si-Technologie; Mu 247/86-1 Si-Planar-Pellistor-Array (1993)

60. Schmidt, G.: Grundlagen der Regelungstechnik, Springer Verlag, Berlin, (1984)

61. Shimshock, R. P.: Infrared Thin Films, Spie Optical Engineering Press, Bellingham, (1992)

62. Smith, R. A. et al.: The Detection and Measurement of infrared radiation, Oxford University Press, Oxford, (1957)

63. Stahl, K., Miosga, G.: Infrarottechnik, Dr. Alfred Hüthig Verlag, Heidelberg, (1986)

64. Straughan, B. P., Walker, S.: Spectroscopy, Volume 2, Chapman and Hall, London, (1976)

65. Sze, S. M.:Physics of Semiconductor Devices, John Eiley & Sons, New York, (1981)

66. Sze, S. M.: VLSI Technology, Mc Graw-Hill, (1983)

67. Thelen, A.: Design of Optical Interference Coatings, McGraw-Hill Book Company, New York, (1988)

68. Tietze, U., Schenk, Ch.: Halbleiter-Schaltungstechnik, Springer-Verlag, Berlin, (1985)

69. Vanzetti, R., Practical Applications of Infrared Techniques, John Wiley & Sons, New York, (1972)

70. Vaughan, J. M.: The Fabry-Perot Interferometer, Adam Hilger, Bristol and Philadelphia, (1989)

71. Volkmann, H: Handbuch der Infrarot-Spektroskopie, Verlag Chemie, Weinheim, (1972)

72. Walther, L., Gerber, D.: Infrarotmeßtechnik, VEB Verlag Technik, Berlin, (1981)

73. Willardson, R. K., Beer, A. C.: Semiconductors and Semimetals, Volume 5: Infrared Detectors, Academic Press, New York and London, (1970)

74. Willardson, R. K., Beer, A. C.: Semiconductors and Semimetals, Volume 12: Infrared Detectors II, Academic Press, New York, San Francisco, London, (1977)

75. Wolf, H. F.: Silicon Semiconductor Data, Pergamon Press, Oxford, (1969)

76. Yariv, A.: Optical Electronics, Holt, Rinehart and Winston, New York, (1985)

77. Ylilammi, M.: Thermodynamics of Sensors, Sensors and Actuators, 18 (1989), S.167-178

FSC
www.fsc.org
MIX
Papier | Fördert gute Waldnutzung
FSC® C083411

Kolibri 360 GmbH
Ferdinand-Jühlke-Straße 7
99095 Erfurt, Deutschland
produktsicherheit@kolibri360.de